JN061999

先生、頭突き中のヤギが尻尾で笑っています！

［鳥取環境大学］の森の人間動物行動学

小林朋道

築地書館

はじめに

今回で先生シリーズも一五巻になった。
一年に一冊のペースだから、一五巻というと、ちょっと長いぞ。
四〇歳の人だったら五五歳になる。……**これはイマイチ驚きがない。**
五歳だった子どもが二〇歳の成人になる。**これはすごい。**
このようなセリフは以前書いた記憶がある。もうやめよう。

以前書いたセリフ、と言えば、以前、「バイオ・おそうじロボット」のことを書いたことがあった。
なんとオサムシの仲間だろうと思われる虫が研究室の床のこまごまとしたゴミを後ろ足にからめとって球状にして移動していたのだ。このオサムシを「バイオ・おそうじロボット」第一号とすれば、なんと、今回**バイオ・おそうじロボット第二号が現われた**のだ。私は、うれしくてうれしくてしかたなかった（うれしかった理由は………、まーあとでおわかりになるだろう）。

さて、**何かが始まったら、**それは、たいてい、**いつかは終わる。喜びが始まったら、**たいてい、いつかは終わる。**苦しみが始まったら**（結構きつい、辛い苦しみもあるが）、たいてい、いつかは終わる。そんな繰り返しのなかで人は生きているのだし、生きること自体にも始まりと終わりがある。

それは、モモジロコウモリをめぐる今回の事件でも同じだ。

「大げさなことを言ったあとに、モモジロコウモリの事件かよ」とは思わないでいただきたい。イヤ、思っていただいても結構だ。

でもまー、とにかく、**モモジロコウモリが大変だったのだ。**モモジロコウモリが………。

ところで読者のみなさんは、朝、職場（学校）に来たら、前の日に、じゃあねさよなら（相手がコウモリだから、夜、帰り際に、**じゃあねおやすみ、と言ってはならない。**コウモリにとっては、おはよう、なのだ。でも私、つまりホモ・サピエンスのことも考慮してほしいので、おはようとは言えない。だからまし、無難なところで、さよならと言うのだ）と言って別れたコウモリが、飼育容器（一・三メートル×〇・六メートル×高さ〇・六メートルの大きな水槽）から**姿を消していた！**という経験をされたことはおありだろうか？

私は、………ある。

いつもは、私が帰るとき、蓋を開け、飼育容器内に餌を置いてから声をかけ、蓋をもどしてドアを出るのだが、**その日は、「飛翔の日」だった。**

モモジロコウモリたちは飼育容器のなかで飛翔することもでき、パタパタ飛ぶのだが、そうは言っても、実験期間が終わって自然に返したとき、飛翔のための筋肉が十分維持されていないといけないので、週に一度か二度、広い実験室内を自由に、長時間はばたかせている。それが「飛翔の日」であり、その日がそうだったのだ。

最後は、虫取り網で空中捕獲して、**ギャーギャーギャー不平を言うコウモリたち**を飼育容器にもどし、餌を置き、水を替えてやり、じゃあさよなら、と声をかけた。問題は**そのあとだ。ちょうどそのとき、**電話がかかってきたのだ。

電話でちょっと長い話をしたあと、なんと私は、「よし終わった、帰ろう」と思ってしまったらしいのだ。つまり**蓋のことを忘れてしまっていた**のだ。きっと疲れがたまっていたのだろう。

次の日の朝、実験室に行って、蓋がされていないことに気づき、**私はあわてた。**あわてて、飼育容器のなかの、いつも四匹のコウモリたちがかたまって休息している場所（レンガの間やコウモリ用巣箱のなか）

「飛翔の日」に実験室内を自由に飛びまわるモモジロコウモリ。実験が終わって自然に帰ったときのための筋肉維持トレーニングだ

を、おそるおそる調べてみたのだが**コウモリたちは消えていた。**当然だろう。

でも私くらいの動物行動学者になると、そこからの行動が違う。モモジロコウモリは洞窟性コウモリだから、飛びまわったあと、実験室の天井や壁面で休息している可能性がある。そうにらんで、天井や窓に下げてあるブラインドカーテンを探していった。

するとどうだろう。ちゃんといるではないか。天井にくっつきあって二匹（モモジロコウモリは日本のコウモリのなかで二番目に小さなコウモリなので、広い天井の隅に大きめのシミのように見えた）。そしてブラインドにへばりつくようにして一匹。

天井のコウモリたちは虫取り網で確保した。ブラインドのコウモリは、枝から果実をもぎとるようにして確保した。

よし、この調子でもう一匹いれば**私のミスは帳消しになる。**ごまかしには自信がある私は、楽観的だった。

一時間ほど過ぎるまでは。

いない、いない、どこにもいない。〝洞窟の天井、壁面〟説はもうかなぐり捨てて床も含めて探しに探したのだが、どこにも見つけることはできなかった。このままだと未発見のモモジロコウモリは**干からびて死んでしまう。**それはかわいそうだ。あどけない顔が脳に浮かんだ。

苦しみはもう始まっていた。

暗雲立ちこめる思いを胸に、さてどうしたものか。実験室に隣接する研究室にもどり、長椅子に身を横たえて目を閉じた。

しばらく時間が過ぎたころだった。研究室のドアがノックされた。力なく「どうぞ」と迎えると、それは隣の研究室のT先生のゼミ生たちだった（T先生は南極周辺の深海の調査で、長期間、研究室を留守にしており、ゼミ生は、研究室を含め実験に必要な部屋や機材は規則を守

今回の騒動はこのモモジロコウモリ。逃げ出した４匹のうちの１匹がどうしても見つからない

ったうえで使用が許可されていた)。

話を聞くと、なんでも、研究室で電子顕微鏡を見ていたら、**どこからかコウモリが現われて、**今、床を這っている、ということだった。**どうしたらいいでしょうか、**と聞くのである(T先生の出張中、何かあったら私が相談にのることになっていた)。

私は急いでT先生の研究室に行った。

確かにコウモリが床を這っていた。急いでつかんで顔を見ると、元気そうだった。

私は、その**学生たちとコウモリを抱きしめたい**気持ちになった。

そのときのモモジロコウモリが下の写真である。

T先生の研究室の床で保護されたバイオ・おそうじロボット第2号。右手にたくさんの綿状のゴミクズを、左手には、お亡くなりになったダンゴムシも見える

その姿を見て、私の脳のなかにある言葉が浮かんできた。それが、………**「バイオ・おそうじロボット」第二号**だ。

第一号は、前述のオサムシの仲間だった。第一号は、私に綿状のゴミを渡したあと、あっという間に私の手から脱出して、また旅立っていった。研究室のなかを歩きまわって、部屋の隅っこの細かいゴミを足にくっつけて掃除をしてくれるのだ。一方、第二号は、**もう「おそうじ」はしなくていい。**協力してもらっている実験が終わったら、もとの洞窟へもどしてやる。

ゼミ生たちにお礼を言い、私の研究室に連れ帰って、燃料として、ガソリンや電気のかわりに水とミールワームを与えた。喉が渇いていたのだろう。水をよく飲んだ。

この調子で実験も頑張ってくれよ。私は頭と背中をなでてやりながらしみじみそう思ったのだった。

そうして、**一つの苦しみは、あわただしく姿を消した。**

さて、「バイオ・おそうじロボット」第二号の話はこのあたりで終わりにし、本書の「はじめに」も終わりにしよう。

読者のみなさんは、お元気でお過ごしだろうか。

毎年、なにかしら大変なことが起こる、それが人生だろうが、特に、昨年（二〇二〇年）は大変な年だった。「生物学概論」という授業の始まりのとき、私は「不安や苦しみは、空気と同じで、生きることに必要なもの、生きることそのものだ」と言った。そしたら、授業後の感想で、「（その言葉が）心に染みて救われました」と書いてくれた学生がいた。

いろんなことがあった一年だったし、それは今でも続いている。

読者のみなさんが、「不安や苦しみ」はあっても、お元気で毎日を過ごされていることを、過ごされるようになることをお祈りしたい。

一五巻（一五回）ともなれば、そんなセリフを正直に言っても場違いではないだろう。

追伸………みたいな感じ。

新型コロナウイルス感染症（ＣＯＶＩＤ－19）の発生元としてコウモリが疑われている。それが正しいかどうかは不明であるが、少なくない生物学者は次のように考えている。

ヒトが、生きるために必要な酸素や水の供給、適度な気温や湿度の維持といった、ヒトの生命維持装置とも言える生態系を自らの手で破壊していることにヒト自身が気づいてもう久しい。

破壊行為の一つが、自然のなかへの生活の場の拡大だが、その拡大が、それまで接したことがなかった生物との出合いをもたらした。そして、それがエボラウイルス病やCOVID－19をはじめとしたヒトに有害な感染症を生み出している。


私は、動物たちの行動や生態が知りたい、そして同時にそれを生息地の保全に結びつけたい。そう思って大学で動物を飼育することも多い（もちろん鳥獣類については捕獲・飼育許可を取ってだ）。その一つが「バイオ・おそうじロボット」第二号のモモジロコウモリである。

私は、小さな島国である日本には、ヒトが足を踏み入れたことがない自然はもうないと言ってもいいと思っている。大陸の状況とは違うのだ。

ただし、在来のウイルスが変異することもあるだろうし、外来種とともに、あるいは外来種として入ってくるウイルスもいるはずであり、ペットとしての動物にしても在来種としての動物にしても、ふれあったあとは手洗いや場合によっては消毒などの配慮が必要だろう。「一日のうち少しでも野生生物との〝交流〟をもたないと体調が悪くなる」（プロフィールより）私も気をつけている。

あなたに言われたくない、と思われる方もおられるかもしれないが（いや確実にいるだろう）、読者の方も気をつけていただきたい。

二〇二一年一月三一日

小林朋道

◆目次

本書の登場動植菌（人）物たち

Genkide Kurasunda yo.

子モモンガを育てて彼らが森に旅立つまで

たくさんの思い出をありがとう。
元気でね！

前巻の『先生、大蛇(だいじゃ)が図書館をうろついています!』の「はじめに」で、三匹の子モモンガたちを育てることになった(そして子育てに奮闘している)ところまではお話しした。

その後、私をまったく怖がらない(それどころか**私にくっつこう、くっつこうとする**)**子モモンガたち**だからこそ可能な実験をさせてもらい、餌の用意と**食事マナーの指導**、そして**野生へ帰るための滑空のトレーニング**なども行なった。

森に返す時期は、私がニホンモモンガの生活史も考慮しながら考えに考えぬいて決めた。私の読みに間違いはなかった。私との別れを惜しみつつ、元気に森に帰っていった。

今でも、森に返すために一緒に頑張ったころのチビ助たちのあどけない顔、そして、森で最後の別れをしたときの私を見つめるたくましくなった顔(本章の最後のほうのページで見てやってください)を思い出すと、ほんとうに胸が締めつけられる思いがする(いやほんとうに)。

本章では、そんな「子モモンガを育てて彼らが森に旅立つまで」を、**全編ノーカットでお話ししたい**と思う。脳裏に現われる、いろんな表情のチビ助たちに話しかけながら(いやほんとうに)。

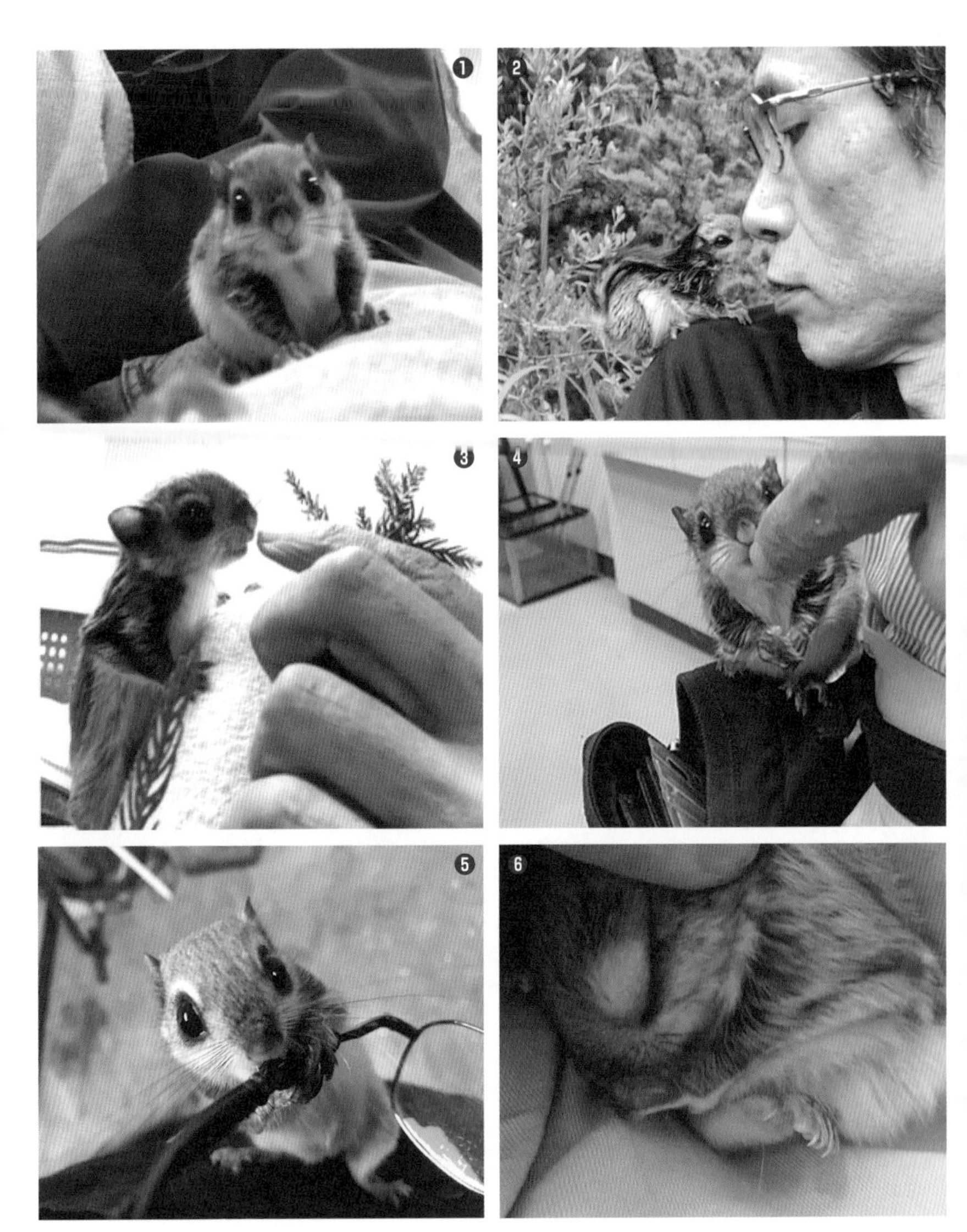

保護した３匹の子モモンガとの日々
①私の脚の上で落ち着いている………。②鼻をつけあってあいさつ。③ひとまずスギのニオイを嗅いで。ついでに私の指のニオイも嗅いで………ってか。④私の腰のポシェットの中や上がお気に入り。⑤なぜかメガネにつけたサスペンドの紐をかじるのが大好きな子。おかげで結局切れちゃったよ。⑥なでてやるとやがてスヤスヤ

最初に『先生、大蛇が図書館をうろついています!』の「はじめに」を〝おさらい〟。

実験のために巣箱ごと連れ帰ったモモンガが、一週間後の朝、(おそらく工事でエアコンの運転が止まり、部屋の温度が上がりすぎたため)巣箱から出て死んでいた。九月はじめのことだった。

私はモモンガにわびて大学の裏山に埋葬し、その日から一泊二日のゼミの合宿に学生たちと出発した。

そして、合宿から帰ってきた次の朝、**寝床のなかで突然、ある考えがわいてきた**(いや、ほんとうに)。

「ひょっとしたら死んだモモンガは雌で、子育て中だったのかもしれない」

寝起きの脳のなかは、明確な目的思考に縛られない自由な状態だ。それまでに脳にひっかかった記憶がさまざまな組み合わせでストーリーをつくりながらからみあい、隠されていた〝注意事項〟が意識に上ってくるのだ。読者のみなさんのなかにも納得される方はたくさんおられるのでは。

巣箱の入り口からはみ出すほどだった巣材の多さ。暑さで死ぬという、これまで私が経験したことのないモモンガの脆弱さ。などなど、いろいろな記憶が脳内で総合され、〝モモンガは子育て中だった？〟という ストーリーが〝ある考え〟としてわいてきたのだろう。

可能性はゼロではない。仮にそれがほんとうだったら、子どもは喉の渇きなどに苦しんでいるかもしれない。**大急ぎで大学に行き、**巣箱の蓋を開けてなかを探ってみたら………、**いた!!**
動く子モモンガが三匹！

私は、驚くと同時に反射的に水と栄養を与えなければ、という思いに駆り立てられた。そしてこのときから、**子どもたちを森に返すという大きな使命を背負った**のだ。

＊　＊　＊

ではこのあたりから本章の本番を始めよう。

私は**子モモンガたちに何を与えたか？**

ヒトの赤ちゃん用の粉ミルクをぬるま湯に溶かして、小さなスポイトで与えたのだ。ちなみにこのやり方についてはいろいろなご意見をおもちの方もおられると思うが、私のこれまでの少なくはない経験にもとづいて決めた方法だ。詳しいことは省くが、私なりの確信はあったのだ。

動物の子どもの育児に大切なこと、それは子どもの様子を見ながら柔軟に、迅速に対応することだ。仕事と両立させながらそれをやるのはなかなかしんどかった。でも**他人にはまかせられない。**私でないとできないことだ、という気持ちがあった。

一匹ずつ手に持って、スポイトでミルクを口につけてやると、子モモンガは飛びつくように口にくわえ、**ものすごい勢いで飲みはじめた。ごっくん、ごっくん**という音が聞こえてくるような気がした。

これは大変貴重な写真。歯で私の指の毛（少しはある）を“毛づくろい”してくれているやさしい子（です）

私は手ごたえを感じた。**うれしかった。**

三匹とも、一日目、二日目、三日目……と変わることなくしっかり飲んでくれた。

思案し、苦労したことの一つは、授乳の回数だった。大学で、午前と午後に時間を見つけてミルクを三回ほど飲ませ、ケージに入れて家に連れ帰って夜と朝と、時々その中間（！）にも授乳した。

ケージから出して運動させてやる、遊ばせてやることも、**チビ助たちにとって大切なこと**だった。巣から出はじめるころだったチビ助たちは、私の手や腕、脚、肩、頭部などの上を移動はするものの、私の体から離れることはなかった。ミルクをくれる母親のような存在として認知していたのかもしれない。

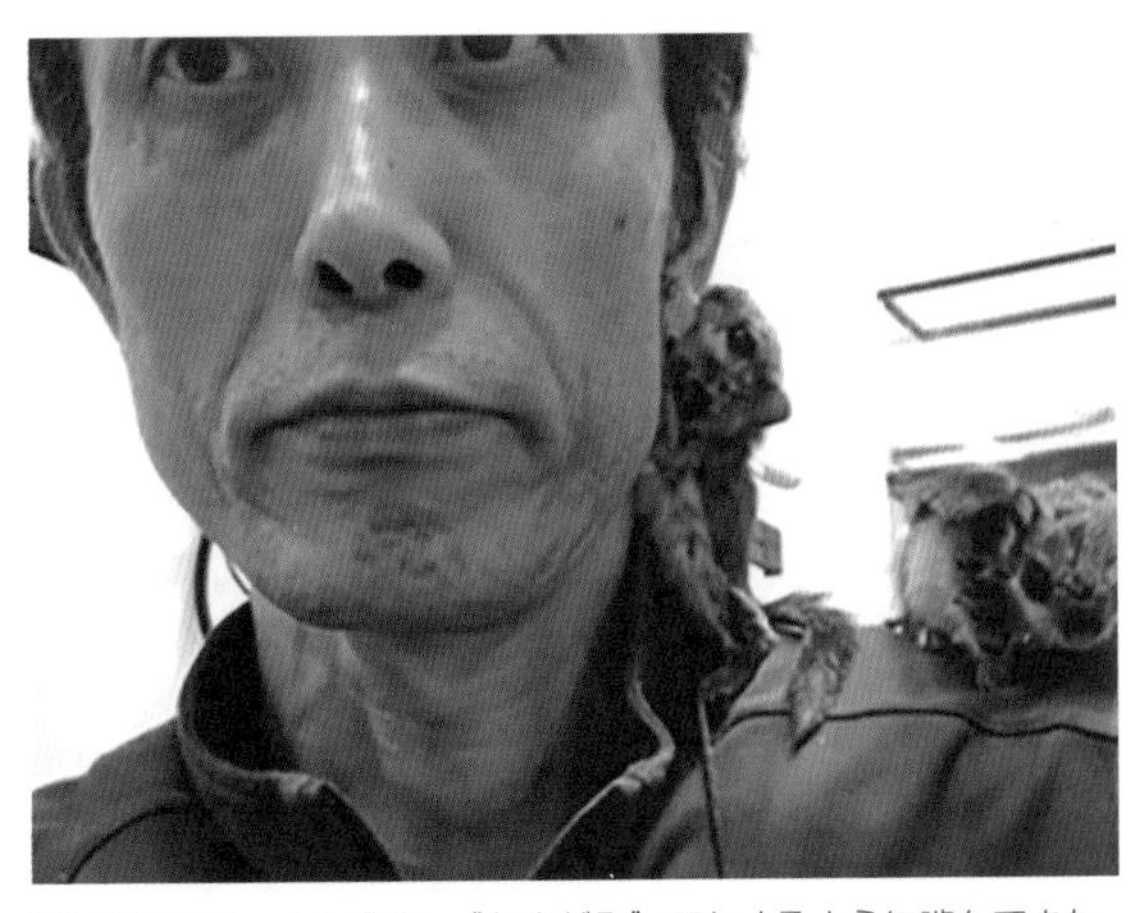

耳たぶを吸う、というか、“あまがみ”でもするように噛んできた

私の服のなかに入ったり、肩にチョコンと座って髪の毛を毛づくろいしたり、指の毛（ホモ・サピエンスは毛をまったくなくしたわけではない。極度に細く薄くなっただけである。だから〝脱毛〟などが流行るのである）を、やさしく毛づくろいしてくれたりした。

時には、耳たぶを吸う、というか〝あまがみ〟でもするように噛んできた。母親の乳首を吸う行動パターンの表われか、とも思いながら好きにさせていた。

子どもたち同士も、互いにかかわりあおうとする欲求は満々だった。**私の体の上で追いかけあったり、**熱心に毛づくろいをしあったり、後方から飛びかかったり、見ていて**微笑ましいっ**

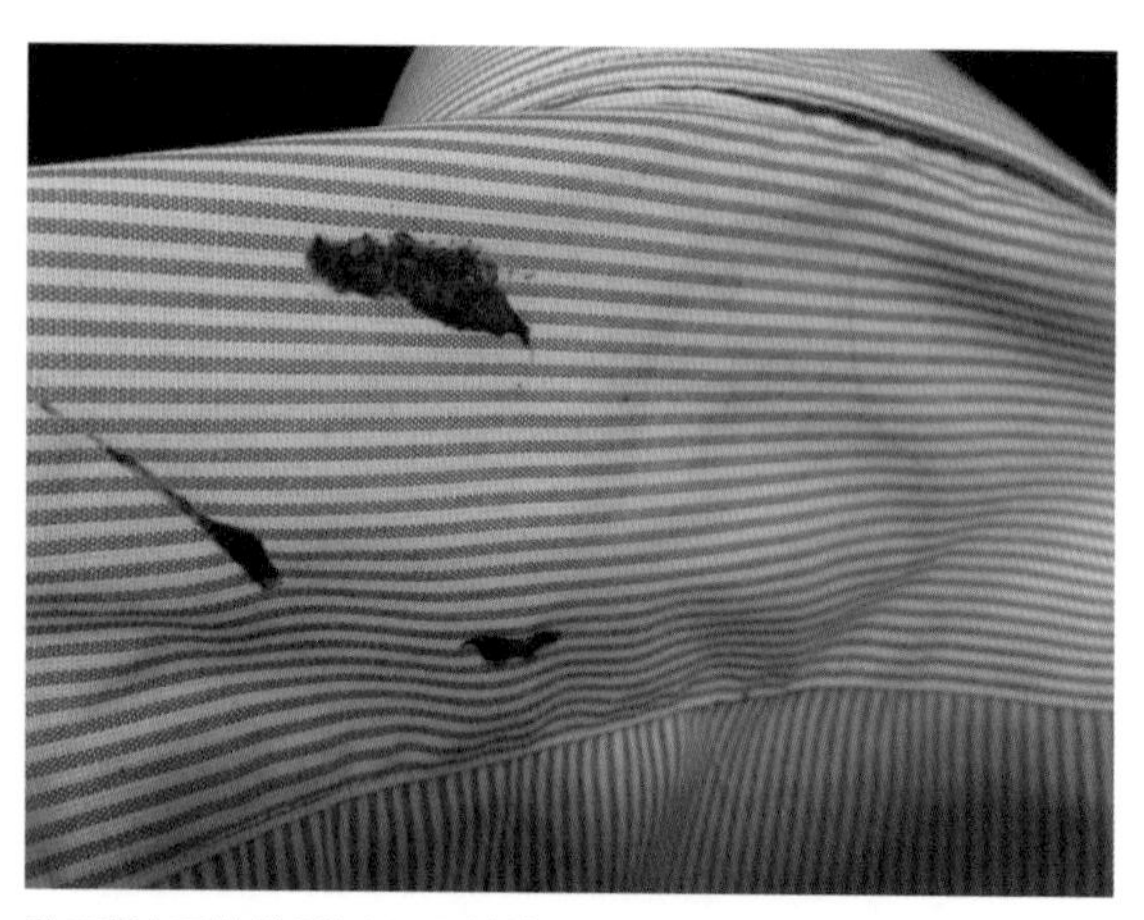

私の背中で遊ぶのはよいのだが………服に茶色の立体的な染みをつけられた

たらアリャシナイ（ただし、肩の上が見晴らしがいいせいか、そこに座って〝糞〟をされるのには閉口した。**よそ行きの服に茶色の立体的な染みがつく**のである。だから予防策としてバスタオルを羽織って犠牲になってもらった）。

そんな彼らの行動を見ていて、私は、ニホンモモンガの成獣たちが示す、ある独特の習性のことを頭に浮かべた。

ニホンモモンガの社会性は、タイプから言えば「単独性」ということになる。群れをつくったり、番（つがい）を維持したりすることはなく、基本的に単独で行動する。

ところが単独性でありながら、はっきりとした縄張りをつくるわけでもなく、それどころか、

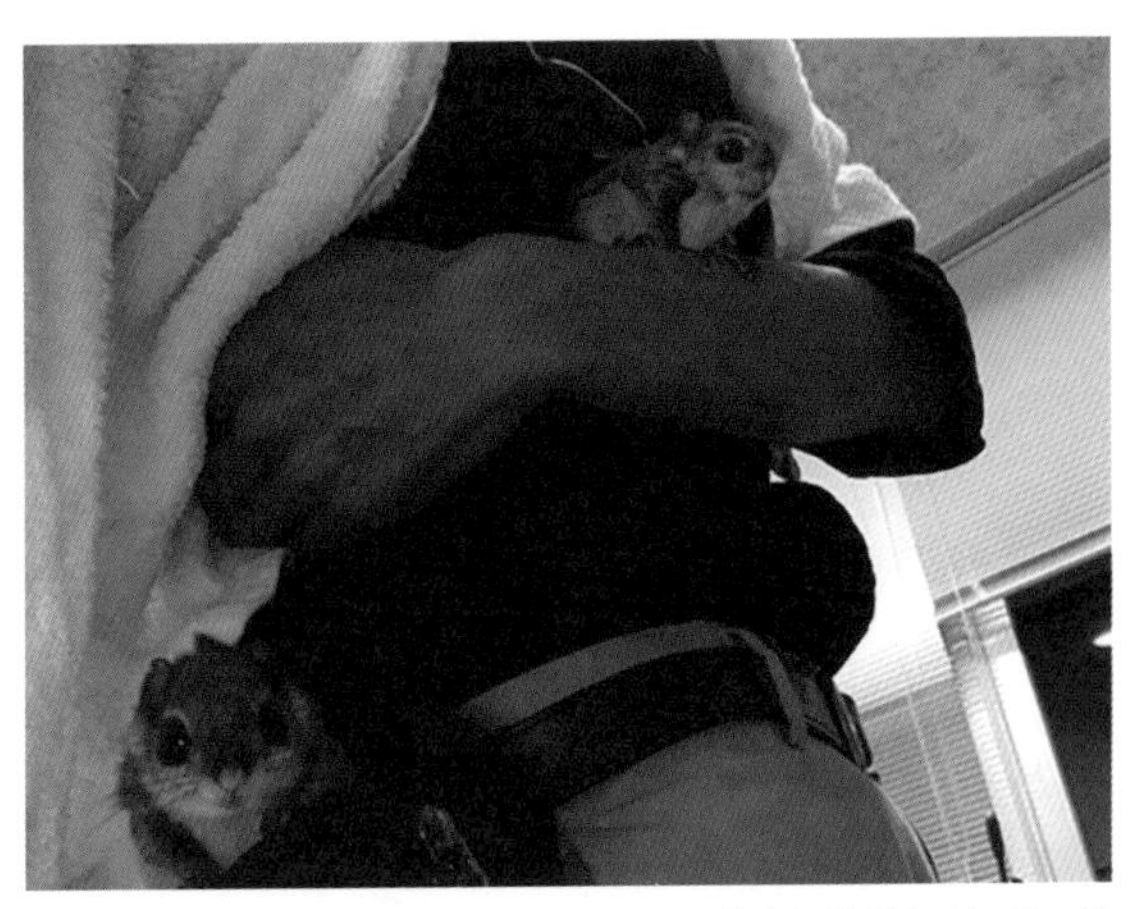

私を木の枝か何かと勘違いしていない？　彼らと遊ぶときには、糞の予防策として、バスタオルを羽織ることにした

一つの巣に、血縁個体でもない成獣が、二個体、三個体と一緒に入っていることがしばしばあるのだ（同性同士であることもあるし、異性同士であることもある）。つまり、今、自分が入っている巣のなかに他個体が入ってきても追い払ったりすることはないのである。

ちなみに私は、二年間分の、月ごとの事例を分析した結果、その現象（私は〝**巣内同居**〟と呼んでいる）が起こることに最も深く関係しているのは、季節にともなう気温の低下であることを見出した。つまり、**冬眠をしないニホンモモンガにとって冬は、食料は大丈夫**（スギなどの常緑樹の葉を食べる）、**積雪も大丈夫**（生活の主たる場所が数メートル以上の樹上なので雪が地面に積もってもなんともない）なのだが、**寒さだけはなんともしがたい。**巣材を増やして断熱に勤しむが、もし他個体と巣内で〝押しくら饅頭〟のようにして過ごせば多少とも寒さ対策になるのではないか、というわけである。確かに冬以外にも巣内同居は行なうが、それが起こる頻度などから考えて、今のところ、「季節にともなう気温の低下への対応」という説が一番有力なのだ。

そして、巣内同居が可能であるためには、個体同士の接触を許容する性質を備えていると考えられ、その性質が子モモンガたちに現われているのでは、と思ったのである。

ところで、こういった子ども同士のふれあい欲求とも根を同じくすると思われる**私への積極的な接触欲求**は、私を、うれしく穏やかな気持ちにしてくれたが、それには糞以外の代償もあった。

それは、**……ズバリ、……蚤（のみ）である。**

『先生、オサムシが研究室を掃除しています！』にも書いたが、ニホンモモンガは、モモンガ類だけにくっついて体毛のなかで暮らしている蚤（私は〝モモンガノミ〟と命名した）を抱えている。そのモモンガノミが子モモンガの体にもいて、時々、**私の手や腕に出てきて、くつろいでいた**（ように見えた）のだ。

そんなとき私は、以前、実験でもお世話になった動物だし（モモンガノミは、ニホンモモンガの体毛を、アカネズミやヒメネズミの体毛とニオイによって識別することができ、ニホンモモンガの体毛をたいそう好むことがわかった）、顕微鏡で見ると愛嬌のある顔をしているので、つまんで子モモンガの体にもどしてやっていた。しかし、子モモンガたちとの日々が過ぎていくなかで、**昼間や夜、体にかゆみを覚えはじめ、**ある日、自分の腹や肩をよく見てみると、**小さな点がポツポツとついている**ではないか。

子モモンガから私の体に一時的に移ったモモンガノミたちが、**私から血を吸ったのだ。**間違いない。

それからというもの、子モモンガたちとふれあったあとは、風呂で全身、きれいにシャワーを浴びることにした。**モモンガノミには申し訳ない**ことだが。

このころになると、子モモンガたちは、私が差し出した、ミルクを入れたスポイトを、直接手に持って、ゴクゴク飲むようになっていた。私には、その姿がたくましく見え、生きぬき、成長するため

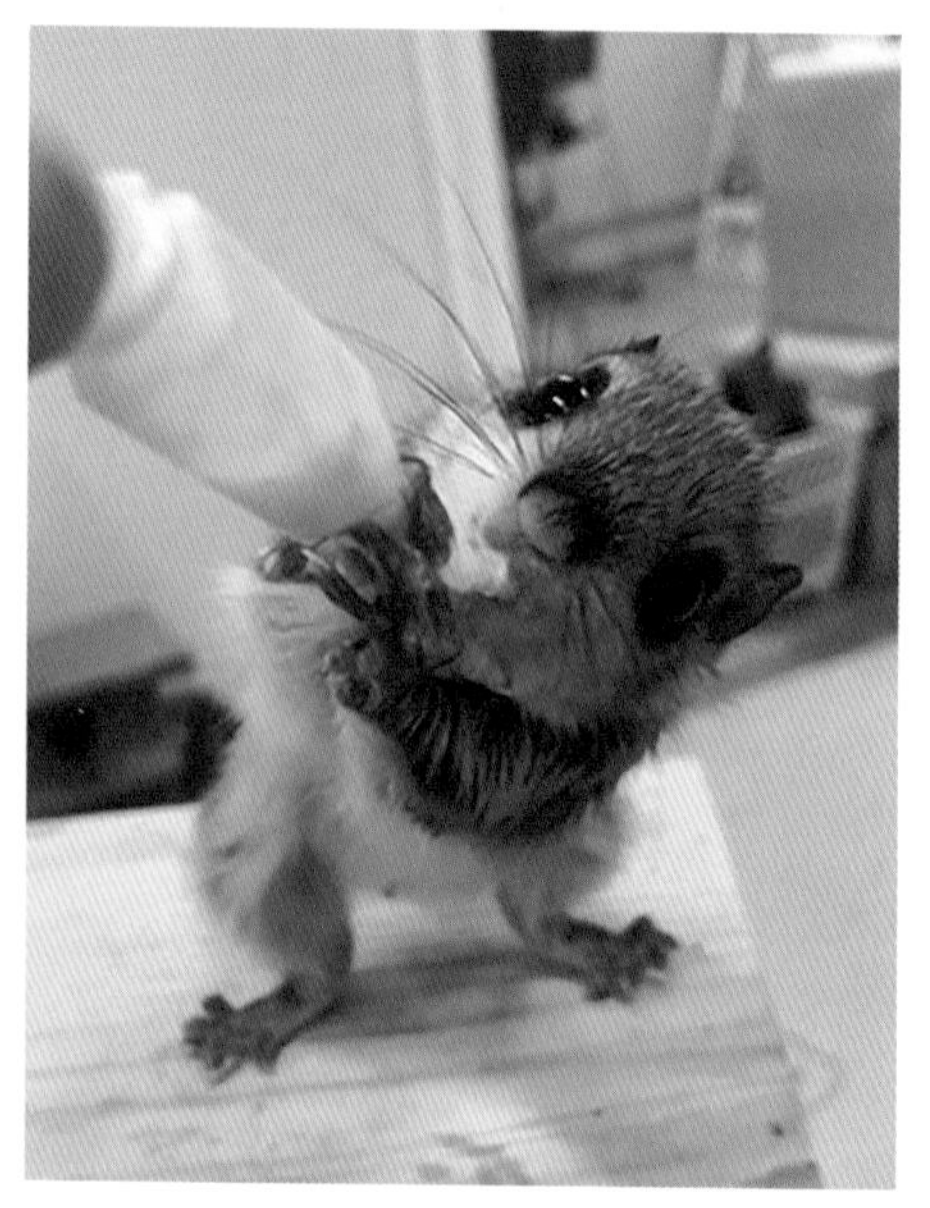

私が差し出したミルクを入れたスポイトを両手にもってゴクゴク飲んでいる

の彼らの戦いのようにも感じられた。だから私も**「頑張れ、頑張れ、頑張って生きぬけ」**と思いながらミルクを与えていた。

子モモンガたちに協力してもらった実験や、偶然の発見などによって、私はニホンモモンガの習性について、貴重な知見をどんどんためていった。たとえば、まだ公表はしていないので**ここだけの話**にしていただきたいのだが、次のような知見は、**「あーーっ、やっぱりそうだったんだ！」**と、ちょっと感動した。

先にもお話ししたが、子モモンガたちは、**私の肩がお気に入り**のようで、肩に上ってきては自分や兄弟姉妹の毛づくろいをしたり、口にくわえてきた餌を食べたり、糞をしたり……、いろいろ便利に使ってくれるのだが、時々、耳にささやくように、**ガーグルガーグルガーグル！と鳴くのだ。**そのあと、私の髪の毛を毛づくろいしたり、耳たぶをあまがみしたりすることもあった（こんなことをされると、もう**気持ちはイチコロ**で、溶けていくような気がした）。

問題は、**ガーグルガーグルガーグル！**という鳴き声だ。

この鳴き声、私にははっきり聞き覚えがあった。

私くらいの動物行動学者になると、忘れることはどんどん忘れるのだが、覚えていることは細部にわたるまでハッキリ、キッパリ覚えているのだ。

そう、その鳴き声は、忘れもしない、ニホンモモンガの成獣の雄が、雌への**求愛時に出す声だ！**

冬の終わりごろの夕方、野外ケージで雄モモンガが、その声を出しながら雌モモンガのあとを追いすがるのに何度か遭遇したことがある。雌は**「アナタ、シツコイワネ、ツイテコナイデヨ！」**みたいな感じで枝から枝に移っていき、

時々、耳にささやくように、ガーグルガーグルガーグル！と鳴いた。これはなんだ？

雄はけなげにも、それでも鳴きながらあとをついていくのだ。

あーっ、これがニホンモモンガの求愛コールか、と感慨にふけりながらも、科学者の目で見つめたのだった。

では、その**求愛コールを子モモンガが私に向けて行なった**というのはどういうことなのか。けっして子モモンガが私に求愛をしたわけではない。以下、説明したい。

動物全般の行動を概観してみると（こんなセリフ、私のような動物行動学者でないとちょっと言えないよ）、次のような、まず間違いない推察ができるのだ。

ホモ・サピエンスという動物も含め、多くの動物で、雄が雌に求愛するとき、あるいは、（一夫一妻制をとる種（しゅ）で）すでに番（つがい）になった雌雄の絆を強めるときには、親と子（！）の間で交わされる行動を利用することが知られている。

たとえば、ニワトリの雄が雌に求愛するときは、雄が雌の前で、地面を嘴（くちばし）でつつく。これは、母ニワトリが、ヒナたちに地面に落ちている餌を示すときの行動パターンと同じである。地面の餌のすぐそばを嘴でつついて、ヒナに餌の場所を知らせるのだ。その動作を見たヒナは、母ニワトリがつついた場所に行き、餌をついばむ。

ほとんどの種類のカラスでは、番が形成されていく過程で、雄が雌に、ちょうど親ガラスが子ガラスに餌を与えているときのような行動が見られる。上から餌を与えるような姿勢の雄に対して、雌は、下側から嘴を上に向けて、お互いの嘴同士を近づける（場合によってはふれあわせる）のだ。この動作が雌雄の番の形成における お互いの求愛行動と考えられている。

ホモ・サピエンスでも、赤ん坊が噛むには硬すぎる食べ物を、母親がよく噛んでから口移しに赤ん坊に与える行動は狩猟採集民ではよく見られる行動であり、恋愛関係（つまり、番形成

大学キャンパスで、私の知り合いのカラスたちのなかの２羽（雌雄）が求愛的な動作をしている。左の雌が雄に餌をねだるような動作をして絆を強めようとしているのだと思われる

過程）の**男女の間で交わされる口づけは、この親子間行動の〝利用〟**ではないかと考えられている。

理屈っぽくなって恐縮だが、雄が雌に求愛するとき、親と子の間で交わされる行動を利用する理由については次のように考えられる。

結論から言えば、「親と子の間で交わされる行動」の脳内回路はとてもしっかりしているから、その回路を利用すれば、個体間の親密度を上げられる可能性が高くなる、ということだ。

なにせ、子が親の世話を必要とする動物にとって**親と子のつながりは、**子にとっては自分が生き残るうえで、親にとっては自分の遺伝子が入った個体を残すうえで**とても重要だからだ。**進化の視点から考えると、そのつながりは、ほかのどんな個体同士のつながりよりも優先されるはずのものなのだ。でなければその動物種は今、地球上に生存していないだろう。

そもそも番をつくる個体同士は、それまでにそれほど親密なつきあいを長くしてきた関係ではなかった場合がほとんどだ。そんな個体同士が、番という、互いに特別な個体関係になるとき、〝親子関係〟脳内回路を活性化する動作というのは大きな味方になってくれるはずだ。

そして、このような仕組みは、ニホンモモンガのように、成獣が、番という長く続く個体関係をつくらない場合でも、つまり、そのときだけ、雄が雌に求愛して交尾の承諾を得る場合でも言えることだ。〝親子関係〟脳内回路を刺激された雌が求愛に応じる可能性が高かったため、親子間で交わされる信号を利用する雄が進化的に残ってきたのだろう。

話をもどそう。

子モモンガが私の耳もとで発した鳴き声、**ガーグルガーグルガーグル！**

雄はやはり、雌への求愛時に、子モモンガが親への信愛や「餌ちょうだい」の信号と推察される、このガーグルガーグルガーグル！を使っていたということだ。

スバラシイ。

ちょっと横道が長くなった。

いたずら三匹と私のふれあいが半月くらい続き、体重が、最初の出合い（生後一カ月半程度だと推察される）のときの四〇グラムくらいから五〇グラムくらいになったころ、**子モモンガたちに大きな変化が現われてきた。**

一つは、ケージの外へ出したとき、積極的に**私の体から離れて過ごすようになった**ことである。

私の足や手からおそるおそる離れ、日にちの経過とともに離れる距離と時間が増えていった。まわりに置いてあるものに対する好奇心も増していき、机の上の電子天秤やビーカーに上ったりニオイを嗅いだりするようになった。でも、乗ったビーカーが倒れたりすると、急いで私のところへもどってきて、私の体の上でひとしきり遊んだら、また探索開始。そんな時間が過ぎていった。

子モモンガたちの〝大きな変化〟のなかには、**「スギの葉への関心と摂食」**もあった。

子モモンガたちの森での生活のことを考え、私の体の上で遊んでいる子どもたちに、スギの葉を近づけると、以前は無反応だったのだが、やがて立ち止まって

日がたつとともにスギの葉のニオイを嗅ぐようになり、葉の先をかじって食べるようになった

ニオイを嗅ぐようになり、日にちの経過とともに口をつけるようになり、そのうち、明らかに葉の先をかじって食べるようになった。

私は、**子モモンガの内に秘められた野生のカレンダー**（正体は、遺伝子の展開にともなってつくられる、脳内神経系や味覚などに関係した感覚細胞、筋肉、ホルモンなど）に思いをはせたのだ。

〝大きな変化〟はもっともっとあった。

たとえば、少し遠くのものに飛びつく行動である。

私の肩に乗って、その先にある、積み重なった本の山のほうを向き、顔を上下左右に動かし、パッと空中に身を投げるのである。もちろん飛膜を広げて。

ちなみに、この「顔を上下左右に動か」す動作は、成獣が滑空する直前にも見られるものである。異なる方向から着地地点を見ることにより、着地地点までの距離が、より正確にわかるのだ。

この〝少し遠くのものに飛びつく〟という、成獣の滑空行動の芽生えと発達については、

（私も少し笑ってしまったのだが）子モモンガ三匹、ちょっとずつ進行具合がずれているのだ。まー、個体差、個性というのだろうか。

洗面台のバケツに入れてあったスギを食べ、満足し、私の体にもどりたくなったときのことである。そばに立てかけてあったパネルに移動して、**一匹は、その端から私に飛びついてきた。**ところが**二匹目は、飛びつく姿勢は見せるのだが、思いきれない。**結局、パネルの上から下に滑り降り、床を伝って私の足から上へあがってきた。**さて三匹目は、**パネルから飛びつくことはおろか、滑り降りることも、パネルの上を移動すること自体、ちょっと怖い。

じゃあどうしたか。

パネルから洗面台にもどり、**私を、切なそうに**（私にはそう感じられた）**見つめる**のだ。

私は、**手をさしのべてやらないわけにはいかない**ではないか。私が手を近づけると、待ってましたとばかり、手を、そして腕を伝って体に到達した。

三者三様、三モモンガ三様である。滑空行動に関する発達の差という現象自体、こんな機会でもなければわからなかったことだ。記録しておこう。ふむふむ。

こういった、ニホンモモンガ本来の生活に適応した行動が、次々と目覚めはじめ、発達して

洗面台のバケツに入れてあったスギを食べ、満足し、私の体にもどりたくなったとき、1匹はそばに立てかけてあったパネルに移動して、その端から私に飛びついてきた

2匹目は、飛びつく姿勢は見せるが、思いきれない。結局、パネルの上から下に滑り降り、床を伝って私の足から体へ上がってきた

3匹目は、パネルから飛びつくことはおろか、滑り降りるのも、パネルの上を移動するのも怖い。結局、パネルから洗面台にもどり、私を切なそうに見つめた。手をさしのべてやらないわけにはいかないではないか

いく様子を間近で見るのは動物行動学者としてとても幸せなことだった。

同時に私は、これから起こるであろう、さらなる成長のために、彼らにとってよりよい環境を用意してやらなければならない、とも思ったのだ。

「さらなる成長のためによりよい環境」……、もちろん私くらいの動物行動学者になると、ずっと前からそのイメージは頭のなかにあった。**ズバリ言おう。**それは、大学林のなかにつくっている七メートル×五メートル×高さ二・五メートルの大きなケージである。


正直、子どもたちを、数歩で会える実験室や自宅の部屋から、すぐには会えない大学林内の野外ケージに移すことには、かなり寂しさを感じた。それに、私をあんなに頼りにし、私の体にふれて安心と元気さを充電していたようなチビ助たちが、兄弟姉妹一緒とはいえ、**私から離れて大丈夫だろうか**とも思った。

しかし、もちろん私の気持ちが揺らぐことはなかった。チビ助たちのこれからの人生（モモンガ生）にとって、**それが、今、必要だ、**と私が判断したのだ。

野外ケージの下見をしっかりと行ない、子どもたちが入っている巣箱を、ケージに入れたままで運んだ。

そのころはもう、子どもたちの体内時計がしっかりまわり出し、昼間は巣箱のなかで眠っていたのだ。

野外ケージに入ると、子どもたちがなかにいる巣箱を一本の柱に縄で固定し、そばでしばらく様子を見ていた。

なかで動くような気配がした。起き出して、**「なんかニオイが違うぞ」**みたいなことを感じたのだろうか。でも巣箱から出てくることはなかった。しばらくして巣箱はまた静かになった。

ケージ内のほかの五本の柱それぞれに新品の巣箱を取りつけ、私はケージから出て大学林をあとにしたのだった。大学林を出るとき巣箱のほうをふり返ったのを覚えている。

子モモンガたちが入った巣箱を野外ケージ内の柱に固定し、ほかの5本の柱それぞれに新品の巣箱を取りつけた

子モモンガたちを野外ケージに移した次の日、まだあたりが薄暗いころ出勤した私は、車を降りるとすぐに大学林に入った。

ニホンモモンガの習性を考えると、巣の外に出ている可能性もあったのだ。

でも巣箱の外に子モモンガたちの姿はなかった。

もちろんその可能性のほうが高かったわけだが、**おっちょこちょいが一匹**でも見られないかという期待もあったのだ。


………………。


ちょっと心配になってきた。 ひょっとしたら、体が小さいから、私が気づいていない網のどこかの隙間から外へ出ていった可能性もないではない。私は、巣箱の蓋を開けて、なかをのぞいてみることにした。

まず、実験室内で子どもたちが一緒に入っていた巣箱から。

そーーーっと蓋を開けてのぞいてみたら、………**いない。一匹も。**

巣材の量が減っていた。ということはほかの巣箱に巣材をもって引っ越ししたか。

二つ目の巣箱。

巣材がたくさん入っている。実験室内で使っていた巣箱の巣材がここへ運ばれていた。加えて、野外ケージ内のスギの倒木からはぎとったのだろう、スギの樹皮の繊維が、雑ではあるが(成獣がつくるものほど細くない)、運びこまれている。スギの樹皮を巣材に使うことも、彼らの脳内の神経系のなかにプログラムされていたということだ。ニホンモモンガの**潜在的な脳内プログラムがまた一つ展開した**ということだ。

さて問題は、この山盛りの巣材のなかにチビ助たちはいるのだろうか。呼びかけてみた。**「オーーイ、みんな、いるのかーーー」**………反応なし。思いきって手を入れてみた。

いた!

柔らかい体毛に、私の指がふれた。指を動かすと、ちゃんと三匹、いることがわかった。でもまだ安心はできない。生きているか?でもでも、その心配もすぐに消し飛んだ。チビ助たちが私の指をあまがみし、巣材のなかから顔を出してくれたのだ。

「寂しかったよーーー、会いたかったよーーー」……みたいな。

あどけない、でも少したくましくなったような顔が、目か、私を正面から見つめた。

私は、今度こそ安心して蓋を閉めたのだ。もちろん、もう少しふれあっていたかったが、チビ助たちの訓練なのだと思って、そのままケージを去って大学林から出た。**よかった、よかった、**とつぶやきながら（かなり過保護な、育ての親だったかもしれない）。

その日から、朝と帰宅前に、野

大学林の野外ケージに引っ越した3匹の子モモンガ。私を見つけると巣箱の上や柱からこっちを向いて飛びつこうとする姿勢をとった

外ケージに行く毎日が始まった。

餌として、スギの葉とヒマワリの種子、乾燥した野菜などを与えた。夕方や夜、帰るときに立ち寄ると、巣から外に出ていることもあった。

私を見つけると、巣箱の上や柱からこっちを向いて、飛びつこうとする姿勢をとり、顔を上下左右に揺らした。私が近づくと、いつの間にか上達した動作で飛びついてきた。

久しぶりに出合えた私の体の上で、あっちへ行ったりこっちへ行ったりして遊ぶのだが、動き方にスピードと荒々しさが出てきたのを、私は、文字どおり、肌で感じた。

ひとしきり遊んだあと、私から柱に飛び移り、仲間同士で遊んだり、単独でケージ内を移動したり、餌を食べたりした。

長距離は無理だが、**滑空もかなり、様になってきた。**

やがて、今度は地面に下りて、三匹で追いかけっこをして、二匹が取っ組みあいになり、ぱっと離れたかと思うと柱を駆け上がり、私のほうにまた飛んでくる。

ちなみに、私が子モモンガの様子を見ていたら、私に用事があったヤギ部のＭｔさんがやって来たことがあった。ケージのなかに招き入れて子モモンガについて説明していたら、一匹の子モモンガが、背後から、私のそばにいたMtさんの肩に飛びついた。でも、興味深かったのは、その直後、あわてたようなしぐさでMtさんの肩から飛んで柱にもどり、少しして今度は私の肩に飛び移ってきたのだ。それから私の肩の上で私の後ろ髪の毛づくろいなどをしていた。私には、その子モモンガが、Mtさんと私とを区別していたように思えてならない。おそらくニオイで。………まったくの推察であるが。

日に日に子モモンガたちはたくましさを増していくように見えた。一方で私は、冬に向かって寒さを増していく心配もしていた。**一日でも早く、子モモンガたちを森に返してやりたい**と思っていた。

そんなある日、まだ明るい夕方、訪れた野外ケージで見た、**あるシーンで私の心は決まった。**よし今度の休みに、彼らを山に返そう、と。

その場面というのは次のようなものだった。

二匹の子モモンガが、地面に下りて離れた場所で餌を食べていた。

やがて二匹は餌を求めて移動し、偶然五〇センチくらい近くまで寄ったとき、一方が他方に飛びかかり、二匹の取っ組みあいが始まった。遊びのように見えたが、結構激しい取っ組みあいだった。

　そのあと、二匹は別々の柱に飛びついて上り、別々の巣箱に入ったのだ。

　同居をやめたわけだが、それは野生では母親のもとからの巣立ちを意味する。………そういうわけだ。


　一一月のはじめだった。

　私は野外ケージの三匹の子モモンガ（………とはもう言えないくらいに成長し、体重は八〇グラムを超えていた。成獣の三分の二くらいの重さだ）に一つ巣箱に入ってもらい、それを小さいケージに入れて軽トラックの助手席に乗せ

①右上の子（矢印の先）が左の子めがけて飛びかかる
②もう一方の子が応戦し、両者が取っ組みあいになり“二足歩行”で押しあう。このあとも取っ組みあいは激しさを増して続いた

た。

大学を出発して智頭町芦津のモモンガの森へ向かって走り出してしばらくすると、巣箱から子モモンガたちが出てきた。

私は一匹一匹の子どもたちといろんな話をした。

「おまえさんは、スギの柔らかい芽を選んで食べるけど、**森ではあんまりえり好みせずに食べないとだめだよねー**」とか、「あんたは**あんまり先を見ずに飛んでしまうことがよくあるから、森では気をつけるんだよ**」とか、「みんな、よく昼間も巣から出ていることがあったけど、森ではニホンモモンガというのは、昼間は出ないのが普通だから、**モモンガらしくするんだぞ**」とか、「みんな今まで、楽しかったか。結構立派になったと思うよ。天敵のことは教えてないけど、まー、**怖い、と思ったらすぐに木の陰に隠れてじーーっとしてろよ**」とか……いろいろ。

そして森のそばの空き地に到着した。

子どもたちはみんな、巣箱のなかに入っていた。多分、一緒に眠っていたのだろう。

私は巣箱の出入り口の穴に丸めた軍手で栓をして、一本のスギに立てかけたハシゴを上っていった。片手で、子モモンガ入りの巣箱を、宝物のように持ってだ。

地上六メートルくらいのところに、巣箱をシュロ縄で固定し、出入り口を閉じていた軍手を取った。

子どもたちは出てこなかった。

私は、どうしても三匹と顔を合わせて、**最後の挨拶を言いたくて**、蓋を開けてみた。すると、巣材のなかから、元気に三匹が顔を出してきた。

言葉をかけながら胸がいっぱいになって見つめる私に、**「どうしたの?」**とでも言っているような顔を向けていた。

すると、すぐに三匹は巣箱から出てきた。巣箱の側面や上面に移動し、そして、ついに、本物の森のスギに飛び移った!

どうしても最後の挨拶をしたくて蓋を開けてみた。すると、巣材のなかから元気に3匹が顔を出してきた

幹を上ったり下りたりしながらスギの感触を確かめているように見えた。

私は、彼らの姿を何枚も写真に収めた。


と、突然、一匹が幹から私が立っているハシゴに飛んできた。**「危ない！　落ちたらどうすんだ」**と、私は思った。でもよく考えたら、これからはずっと、この高さが彼らの生活場所になるんだ……。

ハシゴの横段に着地した一番の甘えん坊（もちろん私には個体ごとの見分けはついた）は、私の顔を見つめ、いつものようにクックックッとモモンガ語で話しかけてきた。

いつもはモモンガ語らしきもので返事をしていたが、今度ばかりは**「元気でね」**と言って何

森のスギの幹から私のいるハシゴに飛んできた一番の甘えん坊モモンガ

度も頭をなでてやった。そして、意を決して、動こうとしない甘えん坊を手に持ち巣箱のなかに入れ、寄ってきたほかの子どもも巣箱のなかに入れ蓋を閉めて、ハシゴを下りはじめた。

地面に下りて、「**これでよかった。よかった。**あんなに元気なのだから大丈夫だ。大丈夫だ」と自分に言い聞かせながら、ハシゴを担いでその場を去った。

でも**やっぱりふり返ってしまった。**

ふり返ったら、三匹は、さっさと巣箱から外に出て、スギの幹を上ったり下りたり………、二匹は太い枝に移り、先に進んで、先端あたりでスギを食べはじめた。

ここでまた私は安堵。その姿がとても頼もしく見えた。

そして、**残りの一匹は、なんと、飛んだのだ。**黒いものが木から落ちたかと思うと、水平方向への流れになり、五メートルほど離れたスギの木の幹に着地した。

滑空したのだ!

そのあと、今度は着地した地点からするすると上にのぼり、そこから、二匹がいるもとの木へまた滑空した。こんな自然サイズでの滑空ははじめてだったのに、成獣の行動パターンを見事に見せてくれた。**私への大きなプレゼントだ。**

ハシゴを担いだまま、どれくらい時間が過ぎただろうか。あたりはすでに夕闇が迫っていた。森のなかはもう暗くて、子どもたちの姿はほとんど見えなくなっていた。

私は心おきなく車へもどり、ハシゴを荷台に積んで、「子モモンガたちの森」をあとにした。


帰りの車のなかでは、ミルクをスポイトからごくごく飲むチビ助たち、私の体の上で遊びまわり時々私の顔を見上げるチビ助たち、野外ケージに入った私を見つけて飛んでくるチビ助たち、………彼らとの生活の一場面一場面が思い出された。

そして、最後に、彼らが生まれた森での最後のふれあいをしたときのチビ助たちの顔や姿が浮かんできた。抱きしめて頬ずりしてやりたい気持ちがこみ上げてきた。


大丈夫。元気で生きていくにちがいない。間違いない。

元気でね。

ヤギはほかのヤギたちの鳴き声を聞いて誰が鳴いたかわかっているか!?

ヤギ部に入りたくて公立鳥取環境大学に入学したヤギを愛する学生の研究

「ある個体が、ある種の鳴き声を発したとき、それを聞いた個体は、誰が鳴いたのかを、その声で理解し、反応の仕方を変えたりするのか？」

これは興味深い問題だ。

その動物が、もし、声の質で個体ごとの識別をやっているとしたら、その動物たちに対するわれわれの見方はちょっと変わるのではないだろうか。俗っぽく言うと、「へーっ、賢いんじゃない」………みたいな。

ただし、ちょっと注意しなければならないのは、動物の認知特性を、ヒトの場合に当てはめて考えるのは、極端な例にたとえれば「イルカの運動能力をグラウンドでの一〇〇メートル走や幅跳び、砲丸投げで調べるようなもの」で、深く考慮された科学の進め方ではない。それぞれの運動能力は、「それぞれの動物種が生きている環境のなか（イルカなら、海のなかという、空気より粘性が高く、酸素量も少なく、浮力はとても高く、音波は伝わりやすいが光は伝わりにくい、………といった陸上とはかなり異なった〝水〟のなか）で、生存・繁殖にとって有利になるかどうか」という視点から考えなければ、科学的に有意義な知見にはならない。

でも、まー、**「声の質による個体の識別」**はヒトにも、ヒト以外の動物にも共通した、生存・繁殖にとって有利になる認知的能力と考えられる。つまり、その動物の認知特性を知るうえで重要な能力として調べる価値は大いにあるだろう。

この問題について調べられた有名な例としては、アメリカの動物学者ドロシー・チェイニーが行なった、ベルベットモンキーを対象にした研究がある。

チェイニーは、ある群れのなかの一個体（仮に個体Aとしよう）に、同一の群れのなかの異なった個体（仮に個体B、個体Cとしよう）の威嚇音声を遠くから聞かせ、個体Aがどう行動するかを調べた。その結果、個体Aは、個体Cが威嚇音声を発するのを聞いたときは、**助太刀に行き**（威嚇音声を聞いたときの助太刀は、実際の場面で何度も観察されており、その行動ははっきり見きわめることができた）、個体Bが威嚇音声を発したときは**無視する**ことを示した。

つまりベルベットモンキーでは、誰かの威嚇音声を聞いたとき、それを発したのは誰かということを音声によって聞き分けているということだ。

ちなみに、威嚇音声を聞いたとき助太刀に行くのは、音声を発した個体が、互いに、一緒にいることが多かったり、毛づくろいをよくやりあう仲であったりすることが多いこともわかった。

さて、突然話は変わるが、私のゼミの学生のなかに、**「ヤギ部があったから」という理由で、**公立鳥取環境大学を志願した、というくらい、ヤギに深い思いをもつ学生（Ｍｏさん）がいた。Ｍｏさんは入学後すぐにヤギ部に入り、当然のことながら卒業研究では「ヤギの行動」をテーマにしたいと言った。

むーっ、ヤギか。そりゃあそうだろう。でもヤギに限定した卒論のテーマは、カナヘビがぽろっと卵を産むように（突然の、あまり使われないたとえで恐縮だが、今、私の脳にその記憶が浮かんだのだ）、次から次へと出てくるものではない。これまでヤギをめぐって、卒業研究に何人のゼミ生がテーマにしてきたか。つまり何種類のテーマが行なわれてきたことか。「そうか、それじゃ、次はこのテーマで」といった具合に**新しいテーマがぽろぽろ生まれてはこない**のだ。

じつは、Ｍｏさんは、ゼミに入る前に、自分で一つ具体的なテーマ（ヤギは、地面に座るとき、地面を前足でかき払うことがあり、その行動がどういうときに発現するのか、どういう意味があるのか）を考えていたのだが、予備調査で、そのテーマは難しいことがわかった。

もちろん、そんなことで、じゃあヤギ以外の動物でもいいです、という気持ちになるようなＭｏさんではない。たとえ、**カナヘビが「こんにちは」と言ってこちらへ直立歩行でやってく**

るようなことが起こったとしても、Ｍｏさんが、じゃあカナヘビでもいいです、という気持ちになるようなことはないであろう。

「では、ヤギでほかにどんな研究ができますか」と問いかける無言の眼差しで、にこやかに私の言葉を待つのである。

そこで、**（ここの部分は本人には内緒だが）**苦しまぎれに私は、**えーーい、もう何か思いつくものならなんでも**言ってしまえ、みたいな気持ちで、「それじゃあ、こういうのどうかな」、「ヤギの群れのなかで、血縁個体同士（親子とか兄弟姉妹）は、どれくらい好意的にふるまうか、どんな行動によって互いに助けあうか」。

ちょっと説明しておこう（いくら〝苦しまぎれに私は、えーーい、もう何か思いつくものならなんでも言ってしまえ、みたいな気持ちで〟とは言っても、私くらいの動物行動学者になると、やはりそのすごさというか才能が出てしまうのだ。**とっさであっても、**これまでに、もちろん過去の私のゼミ生も含め、誰もやっていない**じつに学術的に価値のあるテーマが脳から飛び出す**のである）。

「血縁個体同士の、より強い助けあい」という現象は、人類学では「ネポティズム」と呼ばれ、世界中の、採集狩猟民族を含めた、あらゆる社会で見られることが報告されてきた。

動物行動学は、この現象を、次のような統一理論のなかの一現象として説明している。


「遺伝子」というのは、ざっくり言えば、生物をつくる「設計図」だ。個体は、各々の遺伝子が自分（遺伝子）のコピーを次の世代に引き継ぎ、拡散していけるように、遺伝子という設計図に従ってつくられた乗り物である。設計図には、個体の体の構造はもちろん、行動や心理の大筋を決める、脳内の神経の配線構造が記されている。それに沿って、言い方を変えれば、遺伝子暗号にもとづいて、個体はつくられ成長していくのである。


もう少しリアリティーを感じていただけるように、実際の動物の名を出して説明してみよう。

メダカは、メダカのなかの遺伝子（約一万個）が、自分のコピーを、より多く、後の世代に残せるように設計してつくった遺伝子たちの乗り物である**（メダカは遺伝子たちがつくった乗り物である！）**。

確かに、メダカの行動を見ていると、餌を食べ、捕食者たちから逃れ、配偶個体を見つけて、自分の遺伝子が入った次の世代（子ども）をつくるために奔走し………、すべての行動が**「メダカのなかの遺伝子を、より多く、後の世代に残す」**ことにつながっているように見える。遺伝子が、自分のコピーを残すように動く乗り物をつくっているという仮説がぴったりするように思える。

そしてこの仮説は、発表されてから、たくさんの検証実験を経て（それについて説明すると長〜〜〜くなるのでここでは省略する）、動物の形態や行動の理由を説明する、現在、最もすぐれた統一理論とみなされている。もちろん、この理論によって、これまで誰も気がつかなかった現象が発見されるという、仮説としては、〝仮説冥利（みょうり）につきる〟働きもはたしている。

そこでだ。ここに「自分と同じ遺伝子のコピーが入

メダカを、遺伝子が設計してつくった、遺伝子を運ぶ乗り物（有機物の）だと考えてみよう。そうするとメダカ、いや、生物というものの理解がぐんと深まる

っている個体を識別して助ける」という行動をとらせる遺伝子があったら、その遺伝子（のコピー）は世代を超えて増えていくだろうか、増えていかないだろうか。答えは、**「すごく増えていくだろう」**だ。

なぜかというと、そういう遺伝子は、自分が入っている個体に、〝自分のコピーが入っている個体〟（それは、いわゆる血縁個体ということになるが）を助けさせるのだから（もちろん遺伝子に意思などないが）、自分が入っている個体と、自分のコピーが入っている個体の両方を通して、コピーが増えていくではないか。

これが、「血縁個体同士の、より強い助けあい」、つまりネポティズムが起こる生物学的理由なのである。

そして、私がＭｏさんに提案した、「ヤギの群れのなかで、血縁個体同士（親子とか兄弟姉妹）は、どれくらい好意的にふるまうか、どんな行動によって互いに助けあうか」というテーマは、ヤギという動物においてもネポティズムが起こっているのか、もし起こっているのなら、それはどういう形で起こっているのか、を調べるということなのである。

ネポティズムについては、動物行動学では「血縁淘汰」という呼び方で注目され、いろいろな動物で調べられ、確認された動物もいれば、はっきりとは確認できなかった動物もいる。

では、ヤギではどうだろう。誰も調べたことがない価値ある研究テーマじゃないか、というわけである。

そんな話をするとＭｏさんは研究の意味をすぐ理解して、**「それ、やります！」**ということになった（Ｍｏさんは、私の「動物行動学」の授業も受けていたので理解も早かったのだ）。

ところで、ここまで読まれてきた読者のみなさんのなかには、なんかややこしくてわけがわからなくなってきたから、**もう、読むのやめようか、**と思われはじめた方はおられないだろうか。

いや、ここから、タイトルの話に移っていくので、ここでやめないでいただきたい。そう、「ヤギはほかのヤギたちの鳴き声を聞いて誰が鳴いたかわかっているか」の話だ。

では、「鳴き声による個体の識別」とネポティズムがどう関係するのか？

それは、Ｍｏさんが、ヤギのネポティズムを調べた実験のなかに次のようなものがあったからだ。

下の写真を見ていただきたい。

これは、一頭のヤギにリードをつけて放牧場から連れ出し、ほかのヤギたちの声が聞こえない実験研究棟の裏の駐車場に連れてきたところである。駐車場と道路を隔てる縁石にはさまれた緑地のアラカシにリードの片方をつないでいる。

この状態で、アラカシの七メートル右側と、七メートル左側から、群れのなかの別の個体の声をスピーカーから再生するのだ。

なぜこんな実験をするのか？　どんな仮説の検証をしようとしているのか？　読者のみなさんは思われるだろう。どうですか。少しは興味を感じてこられただろうか。

1頭のヤギを放牧場から連れ出し、ほかのヤギたちの声が聞こえない実験研究棟の裏の駐車場に連れてきた。この状態でアラカシの7m右と7m左から、群れのなかの別のヤギの声をスピーカーから再生する

きっかけは、研究の仕方についてMoさんと相談しているときだった。

Moさんが次のようなことを言ったのだ。

「放牧場で時々見かけたことなんですが、群れで、ススキや背の高い草で視界がよくない場所で採食しているとき、みんなが移動したのに気づかず、一頭だけ群れから離れて採食している個体に、少し離れた場所の群れの個体がメ〜〜と鳴くと、離れて採食していた個体は、自分が一人になっていることに、はっと気づいたかのように、声のするほうへ急いで移動します。その行動を利用することはできませんか?」

なるほど! 私は二つの点で**その提案に感心した。**

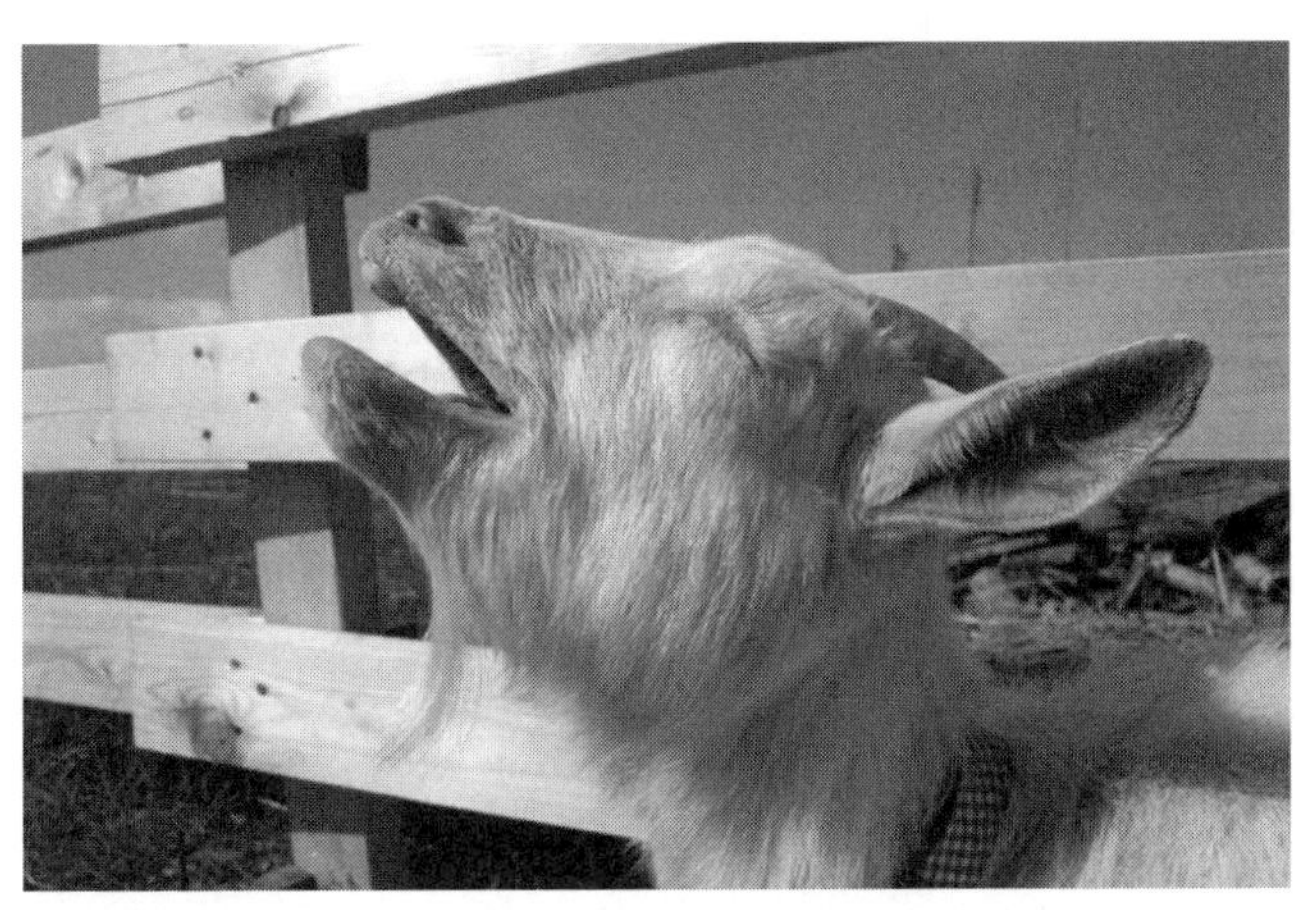

大きな声で鳴いているヤギの決定的瞬間。なかなか撮れない写真だ。ちなみに、この写真から、ヤギの上側の歯は、ボクシングのときに使うマウスピースのような感じになっていることがわかってもらえるだろうか

一つ目は、Ｍｏさんは「ヤギが好き」というだけあって、**ヤギの行動をよく見ているなー、**という点。

二つ目は、（動物行動学の研究においてはこれが重要なのだが）**ヤギの習性をうまく利用して実験につなげる、**というそのセンス。

実験では、それぞれの動物種の自然な行動が現われるような環境を押さえた実験系がつくれるかどうかが勝負になる。その点で、Ｍｏさんの提案はとてもいい視点なのだ。

では、具体的に、どんな実験系をつくるか。

そして考えたのが前述の音声再生の実験である。被験個体の両側から他個体の音声（〝呼びかけコール〟と名づけられている〝一頭だけ群れから離れて採食している個体に、少し離れた場所の群れの個体がメ〜〜と鳴く〟ときの音声）を聞かせ、被験個体の反応をビデオで記録するのだ。

では、被験個体は誰にするのか？　呼びかけコールの音声は誰の音声にするのか？

ちなみに、公立鳥取環境大学のヤギの群れは五頭からなり、すべて雌だ。母親一頭（メイ）とその娘が二頭（キナコとアズキ）、残りは母娘とは血縁関係のない二頭（クルミとコムギ）

である（アズキはおそらく世界で唯一のキャンパス・ヤギだろう。キャンパス・ヤギなるものが何か気になる方は、是非『先生、アオダイショウがモモンガ家族に迫っています！』を読んでいただきたい）。

読者のみなさんはもうおわかりだろうか。被験個体は、メイとキナコとアズキだ。それぞれのヤギに、一方から、姉妹か母親の呼びかけコールを聞かせ、もう一方から、非血縁個体であるクルミかコムギの呼びかけコールを聞かせるのだ。

最初は、メイを連れてきて被験個体にした（簡単に〝連れてきて〟と書いたが、群れから一頭だけを離してリードをつけて連れてくるのは簡単ではない。**群れを離れることに激しく抵抗するから**だ。でも比較的スムーズにそれができたのは、それを行なったのがＭｏさんだからだ。いつも愛情をもって接しているＭｏさんだからこそヤギたちは信頼して素直に従うのだ）。

一方、呼びかけコールは、娘であるキナコと、非血縁個体のコムギのものにした（簡単に〝呼びかけコールは……〟と書いたが、それぞれのヤギの呼びかけを、**雑音なく録音するのは簡単なことではない。**ヤギの習性を知っているＭｏさんだからこそ、ちょっと時間はかかったものの、できたことだ）。

さて、再生だ！

メー、メー、と両側から呼びかけコールが聞こえる。**メイはどうしたか？** **なんと、メイは、**自分の娘のキナコのコールのほうを向き、リードがぴーーんと張るまで、キナコのコールのほうへ移動しようとしたのだ！　そしてキナコの声がやってくるほうへ自分も呼びかけコールを発した。

そばで見ていた私は、表情こそ変えなかったが、**心のなかで「やった！」と叫んでいた。**習性を考えてデザインした実験が予想どおりに進んだときはうれしいのだ。

呼びかけコールの左右の位置を変えて五回ほどやってみたが、結果は同じだった。メイはキナコの声が聞こえてくるほうへ近づこうとした。

その後、場所も変えて、数カ月かけて、メイとその娘であるキナコとアズキ、そして以上の三個体とは血縁関係にはないコムギの計四個体を対象にやってみた。「母の呼びかけコール」対「非血縁個体の呼びかけコール」、「姉妹の呼びかけコール」対「非血縁個体の呼びかけコール」を何回も繰り返した。

その結果、「キナコは、一貫して、母メイの呼びかけコールより非血縁個体であるコムギの呼びかけコールのほうへ近づこうとする」という例外はあったが、そのほかの組み合わせではすべて、「被験個体は、血縁個体である娘や姉妹の呼びかけコールのほうへ行こうとする」という結果が得られた。

総合すれば、ヤギは血縁個体の呼びかけコールのほうに近づこうとするという、はっきりとした傾向が認められたのだ。

そして、(この点は一回の例外もなく)ヤギは、ひとまとまりの実験のなかで、必ずどちらか一方の定まった呼びかけコールのほうへ近づこうとすることがわかった。

かつてヤギコというヤギが過ごした小屋の近くで、呼びかけコールに対する反応の実験をしているところ。中央にアズキがおり、左右の矢印の下あたりにスピーカーがある。この実験のときは、私が左側に、Moさんが右側にいた

これがタイトルの答えだ。

つまり「ヤギ部に入りたくて公立鳥取環境大学に入学したヤギを愛する学生の研究」結果の一部から、「ヤギはほかのヤギたちの鳴き声を聞いて誰が鳴いたかわかっている！（そして血縁個体の鳴き声のほうへ近づこうとする）」なのだ。

ちなみに、「キナコは、一貫して、母メイの呼びかけコールより非血縁個体であるコムギの呼びかけコールのほうへ近づこうとする」理由は未だにわからない。

ちなみに、Ｍｏさんの卒業研究は、「採食をしているときや夜寝るときの個体同士の近づきあい（近づいているほど協力しあいやすい、助けあいを行ないやすい）」、また、「餌をめぐる争いの程度（争いが少ないほど相手からの奪いが少なく譲りが多い）」といった項目に着目し、それらを定量的に測定することによって、（呼びかけコールに対する反応の結果も加え）、ヤギにおけるネポティズムの存在の証明と、その現われ方を明らかにしたのだった。つまり、血縁個体同士のほうが、非血縁個体同士の場合より、助けあい、あるいは助けあいが起こりやすい状況になりやすかったのである。

ところで、私はMoさんの研究を見ながら、もう一〇年くらい前になるころの、ある母娘に関して起こった事件（！）をしばしば思い出した。（『先生、カエルが脱皮してその皮を食べています！』の最終章「ペガサスのように柵を飛び越えて逃げ出すヤギの話」のなかのあの事件である）。もちろんヤギの母娘の話だ。

夜の一二時ごろだったと思う。大学の裏の森から、**ヤギが、断末魔のような声で繰り返して鳴く声が聞こえた。**……こんな出だしで事件は始まる……**怖いぞ……**。

遠くからの声で、最初は驚いただけだったが、その声に向きあうと、何が起こっているのかストーリーが浮かんできた。そもそもそんな時間に柵の外に出ているようなヤギは決まっている。

私は荷物をその場に放り投げて、**全速力で声のするほうへ走っていった。**

すると、駐車場と林の境目にある街灯の下に、クルミの娘のミルクが、うす暗い光のなかで、こちらを向いて立っていたのだ。そして背後の林からはうめき声のような声が断続的に聞こえていた。私は自分のストーリーが正しかったことを確信した。

私がミルクに近づくと、ミルクは、私を導くかのように、斜面を上って林のなかへと入っていった。

林に入ってすぐのところ、街灯の薄明かりのなかで私が見たものは、二股になった太いコナラの木の、まさにその股に、持ち上げた左前脚がはさまって動けなくなっていたクルミの姿だった。

おそらく、大好きなコナラの葉を食べようと、後ろ脚で立ち前脚を幹にかけたところ、前脚が滑って、股の隙間に落ちこんだのだろう。

まずは安心させようと、**「よし、クルミ、助けてやるからな。大丈夫だからな」**みたいなことを言いながら近づき、はさまった脚の状態をよく観察し、〝方法〟を決めた。

クルミの両脚の根もとあたりを、下から抱えて持ち上げるようにし、はさまっている脚を股からはずしてやるしかない。ひょっとしたら骨折しているかもしれないが、そのときはそのとき、とにかく脚をはずそう、というわけだ。**私も必死だった。**

脚に負担がかからないように渾身の力を出して、**ゆっくりゆっくり持ち上げ、**二股から脚をはずした。そして両前脚を地面につけ、少しずつ私は腕の力を抜いていった。骨が折れていたら、その脚をかばうはずである。**緊張の一瞬だ。**

幸い、クルミはすべての脚でしっかり地面に立ち、歩きはじめた。よかった。ほんとうにそう思った。

私に特にお礼の一言もなかったが、ゆっくり斜面を下っていき、駐車場のアスファルトの上を、ヤギコのいる小屋へと少し脚を引きずるように歩いて行った。ヤギコというのは、そのころ放牧場とは別の場所にあった専用の小屋で一人暮らしをしていた、群れの長老、大学最初の伝説のヤギである。クルミはなぜかヤギコと一緒にいるのが好きだった。

そしてクルミの後を娘のミルクがついていった。母娘の絆の強さをうかがわせた。

ちなみに、何度も言うが、**クルミは私に一言も礼を言わなかったが、**ミルクは、クルミが斜面を下りきったころ、私の体に頭をこすりつけてきたのだ。私は、これは、私に母の危機を知らせ、私が助けたことを見届けたミルクの、**私に対する礼かもしれない、**と思った。深夜の森で、一仕事をして私も興奮していたのだろう。ほんとうのところは、少なくとも動物行動学的にはなんとも言えないが、そんな解釈が自然に感じられる、**不思議な夜だったのだ。**

昨今、動物の、少なくとも見た目的には「助けあい」や「思いやり」といった人間っぽさを感じさせる行動が、SNSなどで画像とともによく報告されている。一方で動物行動学も含めた、動物の心理を探ろうとする科学的な研究も増えている。

〝「助けあい」や「思いやり」と感じられる行動〟を、そのまま受けとってもいいのではないかという考えもあるだろうが、私は、そういった考えはあくまでも仮説として扱い、科学的に検証していくことが必要だと思っている。

ともすれば、人間の心理を動物にあてはめ、動物は賢くて愛情がある、といった解釈をしがちだが、それは**動物に対して失礼だと思う。**なぜ人間の心理を基準にして、それとの比較で動物たちを論じなければならないのか。

人間の心理構造とヤギの心理構造とは、そもそも異なるだろうし、それぞれの動物が、それぞれの動物に特有な心理構造をもっているはずだ。それは動物行動学が指摘しつづけてきた、それぞれの**動物を理解するうえでとても大切な知見だ。**

だからこそ、科学的な研究は進みはとても遅いが、地道に、地道に、検証して証拠を得ながら、**それぞれの動物の独自の世界を理解**していかなければならないのだ。

Ｍｏさんの研究は、そういった科学的な検証の一つなのである。

なんか最後はかたい話になってしまったが、Ｍｏさんはとても楽しげにヤギたちとつきあっていた。私もそうだ。

動物たちの気持ちがわかり、うれしさを共有している気分で接する自分がいることもまた真実である。

私のホンヤドカリについての思い出と今

あなたは、裸のホンヤドカリの威嚇行動を知っているか！

最終章で「私のスギについての思い出」を書いている。

本章はその「ホンヤドカリ」版と思っていただいてもよい。

構成も同じだ。ホンヤドカリに関係した、是非書いておきたい出来事をいくつか思い出として記し、最後に、「あなたは、裸のホンヤドカリの威嚇行動を知っているか！」と題した最近の私の実験を紹介させていただきたい。

ただし……、スギについての思い出とは、テイストが違う。


では……。


私とホンヤドカリとの出合いは、私が小学校低学年の子どものころだった。私は岡山県の北の山村で育ったのだが、山村の子どもだって海へ行くことはある（確かにちょっと遠くはあったが）。村の旅行（！）で岡山県の南端が接する瀬戸内海に行ったのだ。

ほかの子どもたちは、キャッキャ、キャッキャ言いながら海水に入って遊んでいたような記憶があるが（山村の子どもも泳ぎは達者だ。なにせ山には川があるのだ）、私は砂浜の端のほうにあった岩場で、タイドプール（潮だまり）のなかのイソギンチャクやヒトデやウニなどに

郵便はがき

料金受取人払郵便

晴海局承認

9986

差出有効期間
2023年 2月
1日まで

104 8782

905

東京都中央区築地7-4-4-201

築地書館 読書カード係 行

お名前	年齢	性別 男・女
ご住所 〒		
電話番号		
ご職業（お勤め先）		

購入申込書

このはがきは、当社書籍の注文書としても
お使いいただけます。

ご注文される書名	冊数

ご指定書店名　ご自宅への直送（発送料300円）をご希望の方は記入しないでください。

tel

読者カード

ご愛読ありがとうございます。本カードを小社の企画の参考にさせていただきたく存じます。ご感想は、匿名にて公表させていただく場合がございます。また、小社より新刊案内などを送らせていただくことがあります。個人情報につきましては、適切に管理し第三者への提供はいたしません。ご協力ありがとうございました。

ご購入された書籍をご記入ください。

本書を何で最初にお知りになりましたか？

□書店　□新聞・雑誌（　　　　）□テレビ・ラジオ（　　　　　）
□インターネットの検索で（　　　　）□人から（口コミ・ネット）
□（　　　　　）の書評を読んで　□その他（　　　　　　）

ご購入の動機（複数回答可）

□テーマに関心があった　□内容、構成が良さそうだった
□著者　□表紙が気に入った　□その他（　　　　　　　）

今、いちばん関心のあることを教えてください。

最近、購入された書籍を教えてください。

本書のご感想、読みたいテーマ、今後の出版物へのご希望など

□総合図書目録（無料）の送付を希望する方はチェックして下さい。
＊新刊情報などが届くメールマガジンの申し込みは小社ホームページ（http://www.tsukiji-shokan.co.jp）にて

目を奪われていた。

そんなときだった。

巻貝が、潮だまりの底を、**結構早いスピードで移動するのが目に入った**のだ。

山の自然のなかで研ぎ澄まされた目と脳は、海でもじっとしていない。生き物を求めて活発に動きまわっていたのだ。

でも、「ヤドカリ」を知識としては知っていても、実物は知らない小林少年である。まさか、空になった（つまり、本体が死んでいなくなっている）殻にホンヤドカリが入っているなどとは、つゆ知らない少年は、ずいぶんと早く動ける巻貝がいるものだと思ったのだ。

当然のことながら、小林少年は、素早く動く巻貝をさっと取って**貝の開口部を見てびっくりした。**そこには何もなかったのだ。

ちなみに山村の子どもだって巻貝は知っている。たとえば川にはタニシとかカワニナなどの立派な巻貝がいる。でも、タニシもカワニナも、水底の石の上などをゆっくり移動しているのを取って開口部を見ると、腹足を内に収めて閉じてしまった、あるいは閉じつつある蓋がある。**ちゃんとある。**それが普通だろう。

海の巻貝には腹足や蓋がないのか？　なんにもないのか？　**どうやって動いていたんだ。**それもあんなに早く！といった気持ちである。そして思ったのだ。やっぱり世界は広い。こんなわけのわからない巻貝が海にはいるんだ。

しかし、それはそれ、**小林少年は、何かある！とふんで、**中身なしの巻貝の開口部をジーーッと見ていた。**するとなんと、**殻の奥から、おそるおそる、といった感じで何かが出てきた。まず脚が、目が、胴体が。**興奮した。**

それがホンヤドカリとの最初の出合いだった。

お話ししたい二つ目の思い出は、学生のときの臨海実習でのことだった。

潮が引いたときにできる潮だまり。イソギンチャクやヒトデやウニ、小魚などがいる

海藻の標本をつくったり、海岸の動物を採集して研究所で実験を行なったりした。そんななか、休憩中に、たまたま潮だまりに興味をもった私は、そのなかを観察していた。

潮だまりの魅力の一つは、そこが、比較的小さな閉じられた空間だということだ。そのなかに海岸の縮図のように、生物が逃げることなく（閉じているから逃げられない！）過ごしている。時にはタコの子どもまで**「ここ、ちょっとせまいなー……」**みたいな感じで、でも自然な姿を見せてくれる。

そこでも私の目を引いたのは、ほかならぬ、巻貝を背負って動きまわるホンヤドカリだ。きっと**ホンヤドカリと馬が合うのだ。**なんか、好きなんだ。ホンヤドカリの動作や形態が。

小林少年の目を引いたのはホンヤドカリ

ま―、そういうわけで、ホンヤドカリを見つけてじーっと見ていたのであるが、餌を求めて移動しているホンヤドカリの近くで、**なんとも興味深い行動をするヤドカリ（たち）**がいるではないか。

大きな貝をかついだ大きなヤドカリが、小さな貝をハサミでつかんで引きずるようにしながら、潮だまりのなかに繁茂しているアオサ（だったと思う）の草むらのほうへ運び、やがて草むらのなかへ完全に入ってしまったのだ。

移動の間、小さな貝のなかから小さなヤドカリが、上半身を出して手足で底の石などにふれていたのも確認できた。つまり、大きなヤドカリが小さなヤドカリを引っ張っていったのだ。

いったいこれはなんなんだ！

はじめてこの場面に出くわしたら、誰でもそう思うだろう。

でも私は違っていた。私は、それまでに体験していた動物たちとのふれあいと、動物の行動について一生懸命学んでいた知識とがいい感じで融合した脳を、そのときもっていた。

即座に、**「もう間違いない！」という仮説を思いついた**のだ。その仮説というのは……

「大きな個体は雄で、小さな個体は雌。つまり、雄が雌のもっている卵を受精させるために、雌を独占すべく運んでいたのではないか」というものであった。

そして、**その仮説に自分で酔いしれ、**自信もあり、近くで休んでいた友人たちを集めた。ホンヤドカリが何をしていたかを説明し、今、アオサの草むらのなかにいるはずだと話し、そして小さい個体は雌だ、と、仮説を披露した。

〝友人たち〟は生物学科の学生だ。もちろん私の話や仮説に興味をもってくれた。そして私がアオサの草むらを持ち上げるのをじっと見つめ、そこに私が言ったとおり、小さいヤドカリをつかんだ大きいヤドカリがいるのを見てさらに興味を増大させた（にちがいない。じつは、そのあたりのことはよく覚えていないのだ。でも流れとしてはそういうことで、友人たちの表情が断片的に浮かぶのだ）。

さて、では次に、その小さいヤドカリが雌であることをどうやって調べるのか。私は、ヤドカリには申し訳ないと思いつつ、でも本体を傷つけるわけではないのだから、と自分で自分に言い訳をして、小さいヤドカリが入っている殻を割ることにした。

きっと**結構大きな卵塊が腹部についているはずだ、**と思ったからだ。

友人たちに説明し、岩の上に小さいヤドカリを置いて、本体が傷つかないように注意しながら、**殻を少しずつ割っていった。**

そしたら、**なんと、ほんとうに、**（記憶では）鮮やかなオレンジ色のたくさんの卵の集合体が、ヤドカリの背中か腹のあたりにあったのだ！


今でもそのときのことはよーく覚えている。きっとうれしかったのだろう。


三つ目の思い出だ。

これも大変印象深かった体験で、これからも忘れることはないだろう。


二〇一七年五月のことである（四月だったかもしれない）。講演会の講師の依頼などをされている大阪の会社から電話があった。

内容は、北海道湧別町（ゆうべつちょう）の町民大学で九月に講演をしてもらえないだろうか、という依頼であった。

私がまず思ったことは……**「どうして北海道から？　湧別町ってどこ？」**であった。

場所は調べたらすぐにわかった。オホーツク海に面する人口一万人くらいの町だった。

近くに空港があることもわかったが、でも、鳥取からの移動には時間がかかる。九月は、大学は夏季休業中で講義はないが、でも仕事はある。飼育している動物たちのこともあり、日ごろから、あまり大学を二日以上留守にしたくないと思っている私としては、何か、特別に、私でなければならない理由がなければ、正直、お断りしたいと思った（講演料が一〇〇万円だったらまた違った思いになっていたかもしれないが）。

そこで、**「どうして北海道から？　どうして私ですか？」**といった疑問をその会社に率直に聞いてみた。すると、数日して、町民大学の実行委員長の方から手紙が届いた。

それを読んで私は行くことに決めた。その手紙を読んで、なおかつ、断れる人は、この世の中にはそうはいないだろう。

自然やそこに棲む生き物たちのすばらしさを北海道湧別町で私（小林です）の口から伝えてほしい、ということが手なれてはいるけれど、つまり文章上手だけれど、実直に、誠実に書かれていた。私を選ばれた経緯も書かれていた。

そして日々も過ぎていき、私は湧別町で何を話すか、考えはじめていた。

そんなあるときだった。インターネットの航空写真で**湧別町の上を〝飛んでいた〟**。そしたら、**オホーツクの海辺と出合った**のだ。………ホンヤドカリのことが頭に浮かんだ。

つまりこうだ。「オホーツクの海↓ホンヤドカリ↓実験」………講演のはじまりはこれで行こう！　実験をカメラで撮りながらそのまま壇上の大きな（！）スクリーンに映す。**決まり。まー、そういうわけだ。**

ちょっとつけ加えておくと、「まー、そういうわけだ」の奥には、**深ーい、深ーーい、**次のような学術的とも言える思索があったのだ。

ヒトは、スライドの写真や映像より、ライブの（今まさに進行中の、どうなるかわからない）実物のほうが興味をもちやすい。そして、動物の行動には興味をもちやすい。

それはそうだろう。ヒトは、自分自身への影響が大きい可能性が高い状況、対象へ、より大きな関心を向ける。ホモ・サピエンス史一〇万年の九割以上を生きた狩猟採集生活に適応したわれわれの脳は、生物の習性に特に感受性が高くつくられている。

さっそく私は、湧別町の教育委員会の方にメールで聞いてみた（講演を行なうことを承諾してからは、スケジュールや必要なものなどについての情報のやりとりは教育委員会のMさんとメールで行なうことになっていたのだ）。

「そちらでホンヤドカリは採集できますか?」

もちろんホンヤドカリか日本中の海岸に生息するポピュラーな種類であることを確認したうえでの問い合わせだ。

最初は、**「なかなか、見つかりません。**湧別町の海岸はどこも砂浜で潮だまりもできません。いろいろ工夫してみます」との返事だった。

その後、何度かやりとりがあって……、

「先生、いました。当日までに採集できます」

という返事が来た(**漁師さんまで動員して探していただいた**とのことだった。イヤ、大変なご苦労をおかけした)。

そんなこんなで……当日だ。

私は「動物の日々、動物との日々」というタイトルの垂れ幕が掲げられた壇上に立っていた。そして、演台の横には、前日採集されたというホンヤドカリを入れた容器が置かれていた。さらに、演台の上には実験でのヤドカリの行動を撮影するカメラが設置され、その映像が、後ろの大きな(!)スクリーンにライブで映るようになっていた。

私は、何かてきとうなことをしゃべったあと、講演の序論になるヤドカリの実験に移っていったのだ。

ちなみに、〝当日〟は、鳥取を出発するときアクシデントに見舞われた。

講演自体はその日の夕方からだったが、予定では、昼前に湧別に到着し、地域の方々が大切に守られていた、廃校になった小学校のビオトープを見学したり、懇談会に出席したりすることになっていた。

ところがだ。悪天候のため（濃霧のため？　どちらか忘れた）、鳥取空港から予定の飛行機が飛ばなくなったのだ。そこで、講演会だけでも、ということで、〝講演会・講師・依頼〟会社さんが手際よく手配してくださり、関西空港から出発することになった。もちろん鳥取から関西空港へはかなりの距離で、電車を乗り継いでいくことになる。**素早い対応が必要だった。**

そんな**アクシデントを乗り越えて**私が湧別に着いたのは、講演が始まる一時間くらい前だった。

あわただしいスタートではあったが、でも、講演の出だしで、湧別海岸のホンヤドカリはしっかり活躍してくれた（実験の内容については後ほどお話しする）。そして講演は無事終了した。私は私なりに、ベストがつくせたという達成感があり、参加者の方も喜んでくださった。話の途中でできるだけフロアの方たちに語りかけるようにしたり、手をあげてもらったりした（参加者の方からあとでもらった手紙には、「壇上とフロアが一体になったようなこれまで体験したことがないような感覚でした」と書かれていたが、そう、**それをねらっていたのだ**）。

講演会のあとの懇親会でも、実行委員会のみなさんの、月並みだが、温かい気持ちに囲まれて……。

そして鳥取にもどってから数日後、手紙やジャガイモが届いた。ジャガイモは、懇親会のときに話題になったのだ。私が欲しそうな顔をしたのがバレたのかもしれない。立派なジャガイモが箱いっぱいに入っていた。

それと、これは是非お話ししたいのだが、湧別のホンヤドカリを採集してくださった教育委員会のMさんは、私が鳥取にもどってから二週間ほどして、あるものを送ってくださった。それを見て、私は、**「えっ！」と（ほんとうに）声をあげてしまった。**

それは、講演当日、私が紋別空港に着いたときに私が撒いた種（比喩です）だった。空港にはMさんが車で迎えに来てくださっており、講演会場へ向かう車のなかで、私はさりげなく、でも心から願って、**ぽそっと言ったのだった。**

北海道にはエゾモモンガのイラストを使った、電車の乗車に利用できるカードがあるらしいですね。それ、同僚の先生から頼まれたんですがご存じないですか。**手に入りませんかね**（大学の同僚のI先生に、私が北海道へ行ってくることを話したら、そういうカードがあるのであったら是非買ってきてほしい、と頼まれたのだ）。

Mさんは、**「このあたりにはありませんね。**またあとで調べてみます」と言われ、話はすぐ別の話題へ移ったのだ。

それで、私ももうそのことは忘れ、それからは講演と懇親会といった刺激の強い時間へと入っていき、鳥取に帰ってからも、思い出が濃すぎて、〝カード〟のことが頭に上ることはなか

講演を依頼されて出かけた北海道湧別町を飛行機の窓から見たところ。湧別町はとてもよいところだ

った。

そんなときにMさんからのカードの送付である。そして同封の手紙には次のように書いてあった。

エゾモモンガのカードは札幌圏でしか販売していないことがわかり、同僚が出張で札幌に行ったときに、買ってきてもらいました。お金は結構ですから。

すぐお礼のメールを送り、いっそう湧別への親愛の思いが増したのだ。読者のみなさん、**湧別町は、ホント、いいところですよ。**

さて、最後は、ホンヤドカリに関する私の最近の実験の話だ。題して「あなたは、裸のホンヤドカリの威嚇行動を知っているか！」

これだけ聞かれてもなんのことだかおわかりにならないだろう。

まずは、湧別町民大学で行なったホンヤドカリ同士の「殻交換の」実験についてお話ししたい。裸のホンヤドカリの威嚇行動は、その実験の延長で起こった事件なのだ。

ホンヤドカリにかぎらず、ほぼすべてのヤドカリは、空になった巻貝の殻に体を入れている（腹部は右巻きの巻貝の構造に合わせ、右巻きになっている）。

ヤドカリにとって、〝よい〟殻というのは、自分の体がちょうど隠れるくらいの大きさで、穴などの損傷がない殻だ。

大きすぎる殻は、重くて、体を十分に隠すことはできるが、それを背負って移動するとき、エネルギー消費が高くなり、けっして〝よい〟殻とは言えない。すべての生物は、効率のよいエネルギー消費で、餌とり、対捕食者防衛、繁殖ができるように進化している（そうなるように遺伝子が変化した生物が生き残っている）のだ。

殻から出たホンヤドカリ。右巻きの腹部の先に脚が変化してできたアンカーのような構造物（矢印先）がある。このアンカーを殻の奥の内面に引っかける

　だからヤドカリは、岩場の海岸の浅瀬や潮だまりで、自分の体のサイズにピッタリ合う損傷のない殻を探している。また、今、体のサイズにピッタリの殻をもっているヤドカリも、脱皮して体が一回り大きくなると、今の殻より一回り大きな殻を探すことになる。

『先生、犬にサンショウウオの捜索を頼むのですか！』でも紹介したが、殻に入った**ホンヤドカリ同士が殻を交換**するところが見たければ次のようにすればいい。

　それぞれ自分の体のサイズにピッタリの殻に入っている大きなホンヤドカリと小さなホンヤドカリを用意する。次に、ヤドカリを殻から外に追い出し（殻の頭頂部に熱くしたハンダゴテを当てておくとヤドカリは殻から出てくる）、大きな裸のホンヤドカリと小さな裸のホンヤドカリ、そして大きな空の殻と小さな空の殻を準備する。

　そうしておいて、直径一〇〜二〇センチくらいの容器に、大きな裸のホンヤドカリと小さな殻を入れておくと**何が起こるか。**

　大きな裸のホンヤドカリは、小さな殻を背負うのである！

「背負う」といっても、**腹部の先に帽子のようにチョコンと乗せる**といった感じだろうか。それでも**「ないよりはマシだ」**みたいな思いなのだろうか。なんか面白い。見ている人の多くは笑う。

これで、「小さな殻を背負った大きなヤドカリ」の誕生だ。

一方、容器に、小さな裸のホンヤドカリと大きな殻を入れておくと、小さなヤドカリは大きな殻を、**うんしょ、うんしょ、**といった様子で動かし（かなり重いのだろう）、そのなかに入る。殻が全身を包みこんでしまう感じだ。

「大きな殻を背負った小さなヤドカリ」の誕生だ。

最後は、〝誕生した〟両者を同じ容器に入れればよい。

すると、だ。「大きな殻を背負った小さなヤドカリ」に出合った「小さな殻を背負った大きなヤ

①小さな殻（a）を背負った大きなヤドカリ（b）が、小さなヤドカリ（c）が入っていた大きな殻（d）に“殻こすり”や“殻当て”を行ない、小さなヤドカリを大きな殻の外へ引きずり出したところ

②その後大きなヤドカリは空になった大きな殻へ、小さなヤドカリは大きなヤドカリがほっぽり出した小さな殻へ入り、めでたくwin-winの殻交換が成立した

ドカリ」は、たいていは、**「あった！」**といった様子で、「大きな殻を背負った小さなヤドカリ」の殻をハサミでつかみ、自分の小さな殻と相手の大きな殻を、まずはこすりつける（**ギリギリ**みたいな、こすりつける音が聞こえてくる。私はこの行動を**〝殻こすり〟**と呼んでいる）。この〝殻こすり〟がひとしきり続くと次は、自分の小さな殻を相手の大きな殻に、ドアをノックでもするかのように、**コツコツ**と当てるのだ（私は**〝殻当て〟**と呼んでいる）。容器の海水の外から見ている私にも、この、コツコツは、ギリギリよりもはっきり聞こえ、結構強く当てているのだなーと、感心というか、ちょっとした執念のようなものを感じた。

一方、このような〝殻こすり〟と〝殻当て〟という威嚇を受けた「大きな殻を背負った小さなヤドカリ」は、最初は殻の奥に引っこんでいるようだが、やがて、腹部のアンカーを殻の内側からはずすのか、すんなり大きなヤドカリのハサミに体を引っ張り出される。

すると、**待ってました**とばかりに、大きなヤドカリは、自分の体のサイズにピッタリの、空になった殻に尻から（ヒトが風呂に入るような感じで）入っていく。もちろん、尻の先につけていた小さな殻はポイッと脱ぎ捨てて、だ。

すると、すると、今度は、大きな殻から引っ張り出されていかにも不安げにしていた小さなヤドカリは、大きなヤドカリがほっぽり出した、自分の小さな体にピッタリの**小さな殻に、チョコチョコッと入る**のである。

このようにして、めでたく**両者の殻交換は成立する**のだった。

以上が、湧別での講演で、私が最初に行なった導入である。

では、「あなたは、裸のホンヤドカリの威嚇行動を知っているか！」の話に移ろう。

「裸のホンヤドカリ」というのは、「めでたい殻交換」に向けて用意した、「大きな殻から、ハンダゴテで追い出された裸の大きなヤドカリ」のことである。

この裸の大きなヤドカリを、準備の都合上、一時的に、「大きな殻を背負った小さなヤドカリ」と一緒に容器に入れておいたときのことだった。

気がつくと、裸の大きなヤドカリが、自分は殻をもっていないのに、なんと、大きな殻を背負った小さなヤドカリに対し、〝(殻) こすり〟や〝(殻) 当て〟をやっているではないか。

私はちょっと驚いた。**「君は、殻ももっていないのになんで（殻）こすりや（殻）当てをす**

るんだ！」みたいな思いである。

もちろん、裸の大きなヤドカリがこすりつけたり、叩きつけたりするのは**生身の腹（！）**なので、こすってもギリギリ音がすることはないし（多分、大きな殻のなかに入っている小さなヤドカリもほとんど何も感じないだろう）、叩きつけてもコツコツといった音などいっさいしない。水の外だったらピタピタみたいな………。

でも裸の大きなヤドカリは、生身の腹で〝殻こすり〟や〝殻当て〟と同じ動作を繰り返し繰り返し行なったのである。

私は、裸の大きなヤドカリには悪いが、なにやらおかしくて、**「おまえさんねー、殻もないのに腹をこすりつけたり、叩きつけたりしてどうするの？」**みたい

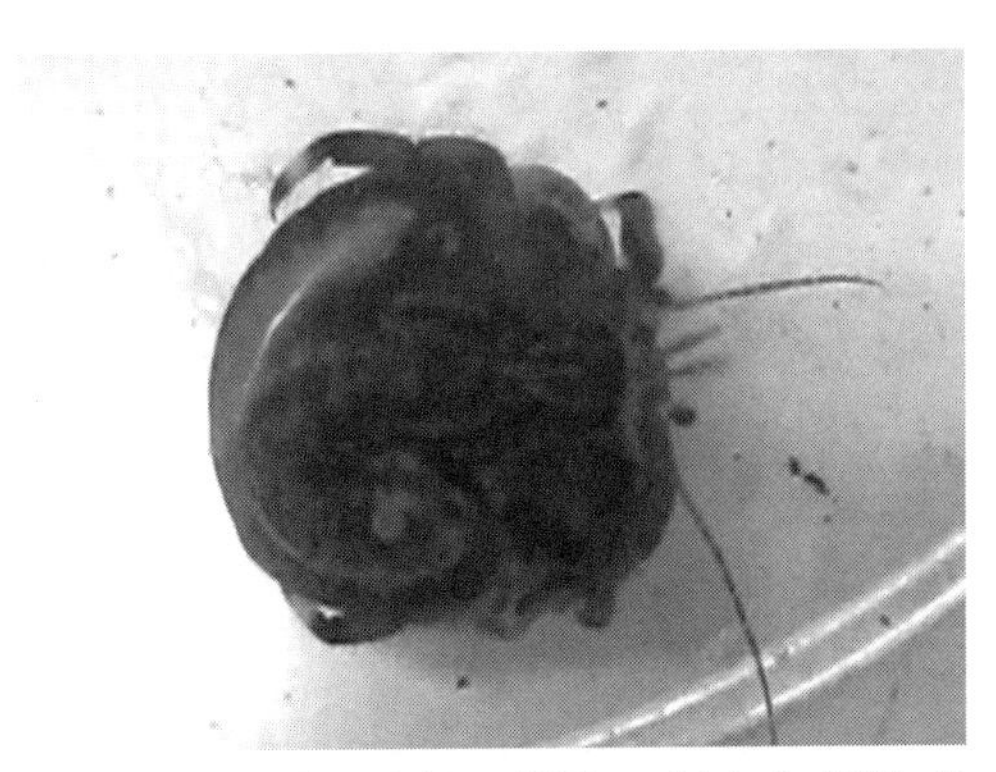

小さいヤドカリが入った殻に"（殻）こすり"や"（殻）当て"をする裸の大きなヤドカリ

な気持ちになった。いや、読者のみなさんも、ご覧になったら、ちょっと笑いそうになると思いますよ。

ところで、(寄り道になるが)じつは、この現象は、動物行動学で、一部の行動において見られる**「固定的活動パターン」**と呼ばれるものなのである。

少し説明しよう。

固定的活動パターンというのは、「動作の始まりから終わりまで、そのパターンの発現が、**脳内の神経系にプログラムされており、**一度始まると最後まで、そのプログラムに従って決まった動作が展開してしまう」という現象である。

具体例をあげよう。

たとえば、カイコガ(蛾)の幼虫であるカイコが、自分の体のまわりにラグビーボール型の繭をつくる(そのなかで蛹になり、そして羽化して成体になる)とき、固定的活動パターンが大活躍する。

カイコが口から糸を吐き出して繭をつくるときの頭部の動きは最初から最後までプログラムされていて、一度始まると、体のまわりに弧を描くように、頭(したがって口)を動かし、その動きが前方から後方へと移動していく。そして、一連のプログラムが終わると、体を包むラグビーボール型の繭が完成しているというわけだ。

ところがだ。ここからが「固定的活動パターン」と呼ぶ所以（ゆえん）なのだが、カイコの口から吐き出される粘液（それが空気にふれて糸になる）を口のなかで固まらせ、外へは出ない（つまり糸は吐けない）状態にしても、カイコは一連の頭部の動きを、糸を吐いているときと同じように行なうのである。繭自体はまったくつくられていないにもかかわらず、だ。

要するに、**外部刺激がなくても、内部プログラムだけで、型にはまった活動パターンが展開されていく**のである。

私は学生のころ、部屋のなかでシベリアシマリスを放し飼いにしていたのだが、彼（シマリスは雄だった）との生活のなかで、いくつかの「固定的活動パターン」に出合った。

たとえば次のようなものである。

彼は、冬眠の時期が迫る秋になると、がぜん気合を入れて（私の印象）、私が餌として与えていたヒマワリやカボチャの種子を、巣（出入り自由なケージのなかの巣箱）のなかや、巣の周辺、ケージの周辺（結局部屋全体だ！）に、貯めた。

この種子の貯蔵行動、自然状態では、次のような順序で事は進む。

①枯れ葉をかき分け、土をかき分けて穴を掘り、頬袋いっぱいに集めてきた種子を穴のなかに吐き出す（シベリアシマリスは、ゴールデンハムスターなどと同様に、大きくふくれる頬袋をもっているのだ）。

②吐き出した種子を、鼻の先でつき、穴の奥に押しこむ。

③穴に土をかけて手で押し固める。

④周囲の枯れ葉や小石を両手でかき集めるようにして埋めた場所の上に置く（ほかのシマリスに埋めた種子を掘り返されて盗まれないようにするカムフラージュの役割があると思われる。種子盗みは結構よく行なわれる）。

ところが、当然のことながら、私の部屋には、土もなければ枯れ葉もない、小石もない**（そんなものが部屋にあったら……困る）**。だからシマリスは、土を掘ったり、埋めたり、枯れ葉をかき集めたりすることはできない。

ではシマリスはどうするのか。

そう、ここで固定的活動パターンが出るのだ。

彼は、カーペットの下や、机の脚がカーペットと接してできる窪に向けて、**あたかもそこに土があるような様子で、**手で土を掘る動作をし、頬袋から種子を吐き出し、鼻で押しこみ、土があるかのように埋めて上を押し固め、さらに周囲に枯れ葉や小石があるかのように両手でかき集める動作をするのだった。

これだけでも固定的活動パターンなのだが、**私の実験欲求はがぜん刺激され、**たたみかけるように次のような実験を行なってみた。

彼が種子を吐き出して鼻で押しこんだ直後、素早く、その種子を全部取り去ったのだ（私によく慣れたシマリスで、私が少々手を出しても気にしなかった）。

すると彼は、一瞬だけ**「ヘッ？」**みたいに動作を止めたが、すぐに何もなかったかのように、穴を埋める動作から、最後、枯れ葉や石をかき集める動作まで完了したのだった。

ここでも、「外部刺激がなくても、内部プログラムだけで、型にはまった活動パターンが展開された」のだ。

もちろん、固定的活動パターンは、すべての行動に当てはまるわけではなく、一部の行動の仕組みになっているにすぎない。意外に思われるかもしれないが、それは**ヒトでも観察できる**

のだ。

たとえば、笑い顔や怒りの顔、うれしさいっぱいの顔……。これらは、個性や衝動の強さ、文化などによっても変動するが、基本的な構造は決まっているのだ（固定されているのだ）。それは、その表情が生まれる最初の瞬間から完成するまで、表情に対応する一連の筋肉を動かされているのである。

時には、怒りと悲しみ、それぞれの固定的活動パターン、つまり運動神経プログラムが、同時に、融合するように展開する、といったこともあるだろうが、基本単位は、**一つひとつの表情の固定的活動パターン**だと考えられる。

寄り道が長くなった。もとへもどろう。

ホンヤドカリの、〝裸〟の腹でピタピタする（やはり思い出すと笑ってしまう）〝（殻）こすり〟や〝（殻）当て〟も、〝殻〟という外部刺激がなくても、それぞれの動作に対応した運動神経プログラムが展開してしまう結果なのだ。

さて、**興味深いのはここからなのだ。**

小さなヤドカリは、大きな殻のなかに入っていて、大きいとは言っても裸（！）のヤドカリの腹部での〝(殻)こすり〟や〝(殻)当て〟など、**なんにも衝撃など感じないはずなのに、**(多分)自らアンカーをはずして、裸の大きなヤドカリに**やすやすと殻の外へ引っ張り出される**のである。

基本的にヤドカリは、ほかのヤドカリから〝殻こすり〟や〝殻当て〟などで威嚇されても、今自分がもっている殻から出たりはしない。たとえ相手が大きいヤドカリであっても、アンカーをしっかり殻内部に引っかけて、少なくともしばらくは抵抗する。

ところが、**裸の腹でのピタピタ威嚇**ですぐに外へ引っ張り出されるとは……。きっとアンカーも、すぐにはずしたにちがいない。

なぜ?

私は、まさにそこに、ホンヤドカリの認知の、次の

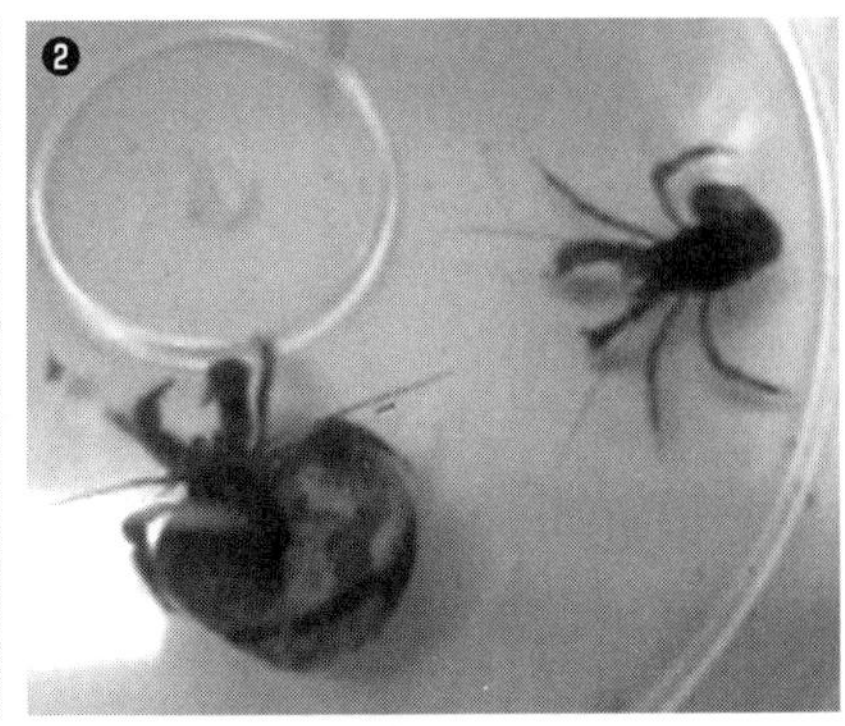

①裸の大きなヤドカリの"殻こすり"(というか腹こすり)や"殻当て"(というか腹当て)を受け、外に引っ張り出された小さなヤドカリ
②大きな殻に入ったヤドカリと、今度は大きなヤドカリがほっぽり出した殻がないので、裸でウロウロする小さなヤドカリ

ような一面があると思うのだ。

私の実験のせいで、(大きな殻を背負った)小さなヤドカリは、それまでに何度か、小さな殻を背負った大きなヤドカリに〝殻こすり〟や〝殻当て〟をされ、体をはさまれて外に引き出された経験をしていた(そのたびに、結局は、大きなヤドカリがほっぽり出した小さな殻をゲットできたのではあるが)。

私の仮説は、こうだ。

そういった経験を経て、小さなヤドカリは、大きなヤドカリのニオイなどを、一連の出来事と結びつけて学習し、「**こいつなら、外へ引き出されてもやむをえない。**小さい俺の体にぴったりなサイズの殻もゲットできるしな」みたいな記憶をもつにいたっていたのではないだろうか。

もちろん、私くらいの動物行動学者になると、なんの根拠もなく、こんな仮説を読者のみなさんに公表したりはしない。ちゃんと、次のような実験も行なって、仮説の可能性の大きさも確認してからお話しししているのだ。

その実験というのは、次のようなものである。

〝裸ヤドカリ腹ピタ小ヤドカリ引っ張り出し（引っ張り出され）〟事件のあと、私は、小さなヤドカリを、もとの大きな殻にもどし（背負わせ）、今度は、事件の、なじみの大きなヤドカリではなく、大きさは同じだが、小さいヤドカリにとっては初対面の別の複数の個体を裸にして、つまり殻から出して、一匹ずつ、小さなヤドカリと出合わせてみたのだ。もちろん時間をおいて、小さいヤドカリが落ち着いてから。

すると、どうだろう。総合的な結果としては（例外もあったという意味）、大きなヤドカリはやはり、裸の腹で〝（殻）こすり〟や〝（殻）当て〟をするのだ、……が、小さなヤドカリは、殻の奥に引っこんだまま、**ガンとして抵抗し、**引きずり出されることはなかった。

それを確認したあと、私は、小さなヤドカリにはなじみのある、〝裸ヤドカリ腹ピタ小ヤドカリ引っ張り出し（引っ張り出され）〟**事件の主役だった大きなヤドカリに再登場**してもらい、小さなヤドカリと対面してもらった。

すると、裸の腹でピタピタ威嚇した大きなヤドカリに**小さなヤドカリはすぐ反応して、**殻のなかから引っ張り出されたのだ。

もちろん今後、検証実験は必要であるが、これらの試行的実験結果から、私は、先のような仮説「小さなヤドカリは、殻こすりや殻当てで威嚇され、自分にとっても得になる殻交換を何度も行なったヤドカリのことは、何かを手がかりに記憶していて、その個体なら、たとえ裸の腹でのピタピタ威嚇でも、殻から出やすくなる」の正しさを、楽しみをもって抱きかかえているのである。

今のところ、誰に威嚇されても、この**仮説のアンカーを脳内からはずすつもりはない。**

ヤドカリは他個体の記憶を保持して行動する。………**魅力的なヤドカリの認知世界の仮説**ではないか。

ニセショウロというキノコの表面に絵を描いた話

S先生の、愛すべき、驚くべき勘違いと、
私が考えたこと

それはもう四年前から始まっていた。

秋だった。

大学のキャンパスをぐるっと囲む林の西側の部分。林とその内側の〝土手〟に、**なんとも胸をときめかせるキノコ**の子実体（菌類のなかの一部の種類で見られる、胞子をつくるとき菌糸が集まってできる複雑な構造の塊。シイタケやマツタケのようなキノコが子実体の典型例だ）が、数十個、**ニョキッと顔を出す**ようになったのだ（この〝顔〟という言葉が、文字どおり本章の鍵になるのでご記憶いただきたい）。

下の写真と次ページの写真は、〝土手〟と、そこにニョキッと顔を出したそのキノコの子実体（あとで、ニセショウロという名であること

大学のキャンパスをぐるっと囲む林の西側の部分とその内側の“土手”に、なんとも胸をときめかせるキノコの子実体が、数十個、ニョキッと顔を出すようになった

がわかる）である。

子実体は、写真がこれしかなかったので掲載したが、出はじめの子実体は、もっと大きく、色がもう少し白っぽく、染みもない。

四年前、そんなキノコと私がはじめて出合ったときのことは今でも覚えている。ふっくら滑らかに広がり、それでいて表面は硬そうで、染みのない白っぽい姿が**私に強く語りかけてきたのだ。**

「私の表面に絵を描いて。きっとよ。必ずよ」

………みたいに。

その表面は、自然が用意した、（キャンパス、ではなく油絵の）キャンバスのように感じられ、語りかけは明確で魅惑に満ちていた。私はほん

"土手"にニョキッと顔を出したキノコの子実体。あとで、ニセショウロという名であることがわかった

とうに**その願いに抵抗できなかった、**と言えば言いすぎだろうか。たくさんの子実体のなかの三つほどに引き寄せられ、ポシェットから黒マジックを取り出すと、円形や楕円形のキャンバスに、**迷うことなくニホンモモンガの顔を書いた。**私にとっては、子実体の姿は、ニホンモモンガの顔の下地そのものだったのだ。

どんな顔の絵を描いたかはあとで写真でお見せするとして、私は、短時間ではあったが、**「ああ、いい仕事をした」**といった気分になって〝ニセショウロの広場〟を去ったのだった。

なにぶん、キャンパスの西の端だ。ニセショウロたちを面と向かって認知した人間は私だけだったのではないだろうか。

その年に急に現われたそのキノコは、その次の年も、また次の年も、同じように〝広場〟に顔を出した。そしていつも私を引き寄せ、私は近づき、数個の子実体にニホンモモンガの顔を描いたのだった。私にとっては、春のお花見のような、季節の節目の行事のような思いになっていた。

そんな行事が三回続いたあと、………今年だ。

今年も〝行事〟は例年どおり淡々と終わったのだが、**思いがけない二次会（みたいなもの）**

が待っていた。

大学の後期の授業が始まった一〇月のある日、環境学部のS先生（S先生は、ある種の菌類が増殖するとき菌糸から放出される酵素作用をもつ物質が、現在、燃やすしかない厄介な廃棄物になっている車のタイヤなどの〝ゴム〟を分解する作用をもつことを見つけ、〝ゴム〟製品のリサイクルという重要な取り組みに挑んでいる新進気鋭の生化学研究者だ）が、私の研究室を訪ねて来られた。**ちょっとハイになっておられたような……。**

そのとき正確にはなんと言われたかはよく覚えていないが、話の内容は以下のようなことだった。

大学の林の近くで、表面の染みが、どう見ても顔にしか見えない（耳の形の染みまでついていて……、と言われたのを覚えている）模様になっているキノコを発見した（そこでニセショウロという名前が発され、私はあのキノコの和名を知ることになったのだ。そしてニセショウロのキノコの表面には、月日の経過とともに染みができやすいのだという）。S先生は驚き、かつ、**染みでできたその顔のすばらしさに感動し、**写真を撮って、それを授業のしょっぱなで、

心の高ぶりもそのままに（ここは私の推察）、**学生たちに紹介した**のだという。その、染みでできた顔というのが下の写真だ。

そしたら、学生の一人がボソッと言ったのだという（正確な言葉ではない）。

「それ、小林先生（私のことだ）のツイッターにアップされていたキノコです。小林先生が顔をつけてあげたと書いてありました」（確かに、私は、写真つきでツイッターにあげ、モモンガキノコにしてあげた、と書いた）

まー、そのときのS先生の気持ちは、**同情して余りあるものがある。**

そしてS先生は、学生の言葉が真実かどうか、私のところへ直接聞きに来られたというわけだ。

私が表面に顔を描いたキノコ（ニセショウロ）。時間がたって、実際に、染みのように見える箇所もいくつかある。なじんでいる……みたいな。ちなみに私はニホンモモンガの顔のつもりで描いた

私の「四年くらい前からやってますよ」という淡々とした言葉に、なんというか、引導を渡された、というか、S先生は観念するしかなかった。

しかしそこは新進気鋭の研究者S先生、肩を落とす様子など見せず、一連の出来事を面白い出来事としてとらえなおし、「いや、面白い!」と**一緒に盛り上がった**のだ。

ちなみに、(読者のみなさんの多くもそう思われると推察するが)率直に言って、S先生は、よくもまー、私が描いた顔を、自然の創造物と勘違いしたなー、と思った。確かにS先生が見つけたときは、日にちがたっていて、マジック跡が実際の染みに見えるようになった箇所もいくつかあった。………しかし、とはいえだ、**「よくもまー、勘違いしたなー」**という思いがぬぐいきれないのも確かだ。

でも、それは一方で、S先生をはじめとするすぐれた研究者の特性もまた示しているのだとも思うのだ。**想像力**というか、**柔軟性**というか、**ロマン**というか。それは**研究者にとって重要な特性**なのだ(思い返すと、その特性は確かに私ももっている。つまり私も〝すぐれた研究者〟ということだ)。そう、常識にとらわれず羽ばたけるのだ。間違いない。

一つ補足しておくとすれば、ヒトの脳内には、横に並んだ二つの黒い丸を主要な手がかりとして、〝顔〟として認知する**「顔検出ニューロン」**が存在していることが知られている。

赤ん坊でも、黒い丸が二つ横に並んだものは（紙上に描かれたものでも立体的なものでも）、黒い丸が二つ縦に並んだものより、あるいは、黒い丸が三つ横に並んだものより、長く見つめ、瞳も大きく開くことが実験的に示されている。

顔というのは、ヒトの生存・繁殖にとって（特に乳児期や幼児期のように保護者に頼らなければ生きられない時期などに）とても重要で、気づくべき情報であるため、顔に敏感に反応する「顔検出ニューロン」が存在するのであろう。

たとえば、下の写真は、まったく自然な染みが表面にできたニセショウロであるが、われわれは顔のように感じるではないか。**あなたの**

この染みは自然にできたものだ

「顔検出ニューロン」が、今まさに作動しているののだ。

ところで、S先生が部屋を出て行かれたあとも、私の脳には一連の話の面白さの余韻が残り、それからしばらくしてある用事で私の研究室を訪ねて来られた、環境学部のイケメンのホープY先生に、用事の話が終わったあと、〝一連の話〟を語った。

Y先生もたいそう、**感心され、面白がり、一緒に大笑いした**のだが、最後にY先生が、**「環境学部らしい話ですね」**と言われた。じつに、いい表現だ。

その後、S先生が心の高ぶりのままに（ここは私の推察）、授業で〝顔〟染みキノコを紹介されたとき、「それ、小林先生のツイッターにアップされていたキノコです。小林先生が顔をつけてあげたと書いてありました」と言った学生が誰だったかわかった。私がチューター（高校での担任のようなもの）をしている二年生のＩｓくんだった。

私の「動物行動学」の授業を受講しているＩｓくんが、質問・感想用紙に次のように書いていたのだ。

S先生の授業のときに小林先生のモモンガキノコが写ったときは驚きました。S先生は「えっ!? 天然じゃないの!」と、信じられないような顔をされていました。私は小林先生のツイートを見ていたので気づいたのですが、受講生たちも笑っていました。

さらに、Ｉｓくんによると、Ｉｓくんが「小林先生のツイッターで見た」と言った授業の次の授業で（その間にS先生はその真偽を確かめるべく私の研究室に来られたわけだ）、「あの顔模様のキノコ、ほんとうに小林先生の作だった」と悔しそうに話されたそうだ。

さて、本章は、以上で終わり………ではない。

私の、〝ニセショウウロへのモモンガ描き〟は、**ちょっとした波を私の心にもたらした**のだ。

〝モモンガキノコ〟についてツイートしてから数日の間に、コメントが四つあった。そのなかの二つは、私がキノコの表面に直接、マジックで顔を描いたことに対して「かわいそうだ」といった内容だった。

「キノコは、土のなかで植物に栄養を渡している菌類の生殖器。少しかわいそうな気がします」というコメントに対して、私の脳に浮かんだ思いは（傲慢にも）次のようなものだった。

「まがりなりにも大学で生物学を教えているのだから、菌類全体のことや土中での菌糸の活動、菌根菌のこと、菌類の一部がつくる〝キノコ〟の構造や生理については知っている。キノコの表面にマジックで絵を描いても生存や胞子形成などの繁殖に影響はないのに」……だった。

あるいは、「土中で植物に栄養を渡しているのは別に菌類だけではない。たとえば細菌類やミミズ、シロアリなどの土壌動物だって枯れ葉などの有機物を無機物に変えて植物に渡している」「〝キノコ〟を生殖器と呼ぶのはちょっと違うよな」「そもそもヒトは、キノコ狩りなどをしてキノコを食べているではないか」といった、いずれにせよネガティブな思いだった。

なにやら理不尽なことを言われたような気がして、それらのコメントが、その後も**私の脳内に居座りつづけた。**ＳＮＳのなかでの話だ。いちいちコメントなどを気にしたりはしないのだが、**脳の片隅に居座りつづけたのだ。**

私にはわかっていたのだ。コメントを読んだ瞬間、はっきりと意識にまで浮かんではこなかったが、**脳の奥では、わかっていたのだ。**コメントが〝居座りつづけた〟一番の理由が、「理不尽に思えた」からではないことを。それらのコメントが、知識を超えたところで**重要な事柄を指摘していたことを。**

そして、ほどなく〝事柄〟は、はっきりと意識のなかに姿を現わしはじめた。

それは次のような姿だった。

今まさに生きている、ある生物の体の一部に、ほかの生物を描くというのは、少なくとも、生物を大切に思っているヒトの行為ではない。

ニセショウロも含めたそれぞれの生物には、**長い進化の産物としてさまざまな種特異性を備えた生物種**として、われわれは対面するべきだと思うのだ。

素直な、真剣な気持ちで対面すれば、ニセショウロのキノコは、「私の表面に絵を描いて。きっとよ。必ずよ」などとは言ってこないはずだ。そう言ってきたように感じたのは、私が、相手を、物の一部のようにみなして、「顔を描きたい」と思ったからだ。

ニセショウロがあのような姿のキノコをつくったのには、生物学的な理由があってのことだ

（その理由は今はわからないが）。そういったニセショウロが独自に示す特性の理由にこそ私は思いをはせるべきだったのだ。

私はよく、授業などで学生たちに言う。

「ある動物を〝かわいい〟と感じ、それを言葉に出すことはもちろんいい。大事なことだし、いいことだ。でも、それだけで終わったら、その動物にとってもあなた自身にとっても、それはとても不幸なことだ。〝かわいい〟と感じる特性とは別な、その動物がたくさんたくさんもっている特性・習性を見つけることが、その動物の魅力を高め、その動物への理解が深まることにつながるのでは」「そこに、環境問題のなかで語られる野生生物と人との共存の鍵もあるのでは」……みたいなことを。

キノコの表面にニホンモモンガの顔を描くというのは、ニセショウロという生物種がもっているさまざまな特性・習性を理解するのとは反対方向の、まさに、**〝かわいい〟という枠だけをあてはめるような行為**なのだ。

まー、そんなに厳格な、肩をいからせて考えることでもないのだが、でも私は、そのことを、ツイッターへのコメントを読んだときから、無意識に直感していたのだ。

ちなみに、その後、私はニセショウロに時々会いに行った。滑らかだった表面は、やがて、下の右の写真のように、硬くゴワゴワになった（左は、表皮を人工的にはぎとったところだ。こしあんのような組織のなかに胞子が含まれている）。

　やがて、ぼろぼろになった表皮の隙間から、こしあんのなかの胞子は、風とともに空中へと散っていった。

　来年からは私は、大学キャンパスのあの〝ニセショウロの広場〟に顔を出したキノコに、別の生物の絵を描くことはないだろう。つまり、S先生がモモンガキノコを見つけることはもうないだろう。ずっと、ないだろう。

時々、ニセショウロに会いに行った。滑らかだった表面はやがて、硬くゴワゴワになった（右）。左は、表皮を人工的にはぎとったところ。こしあんのような組織のなかに胞子が含まれている

夜行性の小動物ヤマネはフクロウの声に強烈に反応する

巣箱から顔を出していたのはモモンガじゃなくヤマネだった！@ゼミ合宿

最近はなかなか会えないが、日本を代表するヤマネの研究者、湊秋作さんと私は親しい間柄だ。

ヤマネの話をする湊さんの目は、平常時でも輝いているのに、その輝きが増してきて、目から光線が発射されるのではないかと思うくらいだ。でも、その湊さんでも、ヤマネのフクロウの鳴き声に対する反応を実験的に調べたことはない、と思う。そしてその反応が劇的であることも知らないと思う。私も、一週間ほど前に確認したことだ。

私はヤマネの研究をするつもりはなかったのだが、ニホンモモンガを調べていると、一部、似た生態をもつヤマネにもよく遭遇する。

本章の話のハイライトも、両者の生態の類似があったから起こった出来事だった。

では始めよう。

厳しい夏の暑さが、ようやくピークを過ぎた九月中旬、私は三年生のゼミ生五人、四年生のゼミ生一人、（それと私）計七人で、鳥取県智頭町芦津のモモンガの森に合宿に行った。

もともと三年生六人で行く予定だったのだが、前日の夜、一人がお腹を壊して行けなくなった。一方で、四年生のゼミ生のなかで、宿泊をともなうモモンガ調査に行ったことがなかった一人が是非一度行きたいと言っていたので、誘ったのだ。

学生たちと私は、まずは、標高七〇〇メートルくらいの高地の、スギ林と谷川の間の空き地に建てられた、ちょっと素敵な山小屋をめざした。

私が運転する大学所有のワゴン車の後ろには、寝袋や調理用具、朝昼晩の食材が積んであった。地上六メートルに設置した巣箱を調べるための、伸縮自在のハシゴやニ

ニホンモモンガを調べていると、ちょくちょくヤマネに遭遇する

ホンモモンガの個体識別用のマイクロチップリーダーも積んであった。

車のなかでのゼミ生たちの会話は楽しそうで、**忍びなかったのだが、**そのころ私は、車のなかでは「しりとり」をすることを恒例の行事にしていた。

会話をさえぎって声を上げた。

「はい、じゃあ食べ物でしりとり」「じゃ私から」「カレーライス」……みたいな感じだ。

車のなかは、**やれやれまた始まったか、**という雰囲気でいっぱいになったが、やさしいゼミ生たちは気分を切りかえて一生懸命考えはじめ（てくれ）た。

そのうち、思い浮かぶものが少なくなってくると、「カバ」とか、「サッポロビール」みたいなものまで出てきた。

ちなみに、ヒトの動物学的特性の一つは「発達した言語」だ。その特性の一面をフルに稼働させて、問題を解く、問題を解決する、というのは、動物行動学的には、きっと**心地よい気持ちを脳内に生み出しているにちがいない、**と私は思うのだ。そもそもわれわれの脳は、生存・繁殖に有利になった状況で心地よさを発生させ、**「それでいいんだ。次もそうしろ」**とわれわれを誘導する性質を備えている。「問題の解決」を脳は、生存・繁殖に有利になった状況ととらえるだろう。

その証拠に、ゼミ生たちは、誰一人投げ出すことなく、結構楽しそうに（私にはそう見えた）、結構盛り上がった様子で（私にはそう見えた）、出発からの約一時間半、最後まで「しりとり」を続けたのだった……。

苦行だったかもしれない……。

さて、目的地。

それは、繰り返すが、標高七〇〇メートルのスギ林と谷川にはさまれた空き地に立つ、ちょっと素敵な山小屋だった。

ちょっと素敵な小さな山小屋。小屋の左横には見るからに“素直！”という感じのトチノキがあり、軒下からはいい感じの煙突（矢印の先）が突き出ていた

その小さな山小屋のチャームポイントは、すぐそばにポツンと一本だけある、見るからに**〝素直!〟〝素朴!〟という感じのトチノキ**と、小屋の軒下から突き出た**J字型の煙突**である。小屋のなかのストーブの煙を外に出すためのものだ。これらのアイテムを私はとても気に入っていた。

車を山小屋の前に止め、座席後部に載せてきた荷物を下ろして小屋のなかに運んだ。小屋のなかは、真ん中にストーブがあり、その周囲には、一メートルほどの段差の上に畳のフロアが広がっていた。

台所やシャワー室、トイレもついており、山小屋にしては……やっぱりおしゃれだ。ちなみに、シャワーからは湯も出るが、湯を出すためには、小屋の裏に積んである薪を釜で燃やさなければばならない。やっぱり**〝山小屋〟は〝山小屋〟だ、**ここがまたよいのだ。

ゼミ生と私はそれぞれ山小屋のなかで自分の縄張りを確保し、それが終わるのを見はからって「では、出発!」と声をかけた。

山をさらに一〇〇メートルほど車で上り、モモンガの巣箱調査を行なうのだ。

まー、合宿だから、正式な調査ではない。森や谷川の散策もはさみながら、ゆったりと時間は過ぎていった。

下の写真は、調査中の一場面だ。私が、すでにマイクロチップが入っているモモンガを持っているところだ。

ゼミ生が撮ったその写真を見せてもらうと、**「エリマキ・モモンガ？ ライオン・タテガミ・モモンガ？」**みたいなタイトルが頭に浮かんだ。

写真を使わせてもらって、ツイッターに、そのタイトルでアップした。

今度はどこで出合うのだろうか。

“エリマキ・モモンガ？　ライオン・タテガミ・モモンガ？”調査中の一場面。巣材にくるまった姿から頭に浮かんだ

巣箱に入れて、もとのスギの木にもどしてやった。

さて本題だ。

今回の合宿で、私は、私自身の課題として、あることを試してみようと思って臨んでいた。それは、あたりが闇に覆われ、**ニホンモモンガが「さて、今日も一日が始まるぞ！」**みたいな感じで巣から飛び出すときの様子を、ライトを当てて観察する。さらに、その姿を拡大してアップで見るために、デジタルカメラの画面を**大きなモニターにライブで映して観察する、**という試みだった。

ちなみに、ニホンモモンガは、出勤のとき、巣から顔を出して〝下界〟を数十分間、じーっと眺めてから、巣から体を出して幹を登っていく（幹の上のほうからジャンプして滑空する）習性がある。その〝数十分間〟、われわれはモモンガの顔をゆっくり見ることができるのだ。

また、いろいろ試してみた結果、その〝数十分間〟に、かなり強いライトを当ててもモモンガは特に気にする様子もなく、〝下界〟をじーっと眺めるいつもどおりの行動をとることも確認していた。

それまでに行なっていた、二年生の学生たちを対象にしたモモンガ実習では、「……その姿を拡大してアップで見るために、デジタルカメラの画面を大きなモニターにライブで映して観察する……」という試み以外は、安定してうまくいっていた。しかし、モモンガの〝下界眺め〟と〝出勤〟を見るのは離れた位置だったから、学生たちから「よく見えなかった」という感想が出されていた。

そこでだ！

それを改良すべく、モモンガの〝下界眺め〟と〝出勤〟とをデジタルカメラで撮影しつつ、その画像を約九〇センチ×八〇センチの大きなモニターにライブで映して学生たちに、**モモンガをどアップで見せよう、**と思い立ったのだ。それが今回の合宿での私の密かな挑戦だったのだ。

森のなかでは、**夕方の気配ははっきりと感じとることができる。**光だけではなく、温度や湿度が教えてくれるのだ。鳥の動きも変わってくる。人恋しいようなメンタル面での変化もあるような気がする。**独特の感覚である。**おそらく、夜の到来にともなう、ホモ・サピエンスの生存にかかわる脳の特性だろう。

われわれは、その日の宿になる〝ちょっと素敵な山小屋〟へもどり、くつろぎ、みんなは夕食の、私は密かな計画の準備に取りかかった。そう、「モモンガ大画面ライブ」だ。

ところがだ。

私の「モモンガ大画面ライブ」は**初っ端から、顔面に強烈なパンチを食らった。**「オーマイガー」って言うのだろうか。

山小屋の、山道をはさんで前方に広がる、「モモンガ大画面ライブ」の会場にはもってこいのスギ林に取りつけていた四つの巣箱（もちろん、合宿の一週間ほど前に、モモンガが利用していることは確認していた）が**すべて（！）荒らされていた**のだ。

犯人はおそらく……テンだ。

巣箱の出入り口がかじられ、大きな穴になっており、下に巣材が落ちているものもあった。ほかの場所の巣箱でもこんな光景はいくつか見たことがあったが、まさか、その場所の巣箱が、それもすべての巣箱がそんなことになろうとは。

さてどうするか。

昼間、モモンガがいた巣箱は対象にはできない。あのモモンガは別の巣箱に宿がえしているにちがいないからだ（子育て中の母モモンガでは、私に一時捕獲されても巣箱を変えないケースがよくあったが、そうではないモモンガは、たいていは、巣箱にもどしたあと、その日のうちに巣箱を変えた）。

でも大丈夫だ。

私くらいの動物行動学者になると、モモンガの安否を心配しつつも、**あわてることはなかった。** いろいろな引き出しをもっているのだ。

〝ちょっと素敵な山小屋〟というベースキャンプからは少し離れることになるが、それはがまんしてもらおう。つまりだ。モモンガがほぼ確実に使っている巣箱のある調査地をいくつか知っていたのだ。近いところは、山小屋から車で数分もかからないところだ。

私は、さっそく、ゼミ生のみんなに事情を話し、新しい場所に出発することにした。大画面モニターや発電機なども車に積みこんだ。

さて場面変わって、そこは、谷川の音が聞こえる、平坦な森の林道のわきだった。スギの林とそれに隣接した自然林の森だった。

一〇メートルほど離れたスギの木に取りつけた二個の巣箱それぞれにライトを当て、モモンガが出てくる可能性が高いほうの巣箱にカメラを向け、映像を大画面モニターに映した。ゼミの学生たちに、モニター画面を見ているように伝え、私はもう一つの巣箱のほうを見守ることにした。モモンガはその巣箱に入っている可能性もあったからだ。

暗闇のなか、谷川の水の音だけが聞こえる森で**われわれは待った。**

ゼミ生たちが見ている巣箱で変化があった様子はない。もう出てきてもいい時間を大分過ぎたのになにかおかしいなー。**多少の不安がよぎる。**

と、そのときだった。

私が見ている巣箱から……、**出た！**

かわいい目をした動物が巣穴から顔を控えめに出して、**こっちを見ている。**ちょっと顔が小さいようだが、そんなことはこの際、たいしたことじゃあない。出てくるのが遅いが、そんなこともこの際、たいしたことじゃあない。

出てきてくれたのだ。私はとてもうれしかった。

すぐみんなに伝え、カメラとモニターをモモンガが顔を出した巣箱のほうへ移動した。

みんなで、**じーーっと、**モニターのモモンガをのぞきこんでいた。

…………。

ちょっと気になることが私の頭に浮かんだ。もうそろそろ出勤してもいいのにな………。

次に頭に浮かんだ。

この子、ほんとうにモモンガ………?

夜の、地上六メートルの高さの巣箱から顔を出している目の大きな薄茶色の小型哺乳類。先入観と言えばそれまでだが、それまでの私の脳の発想空間のなかには「モモンガ以外の動物」という可能性は存在していなかった。

しかしだ。

私くらいの動物行動学者になると、脳の発想

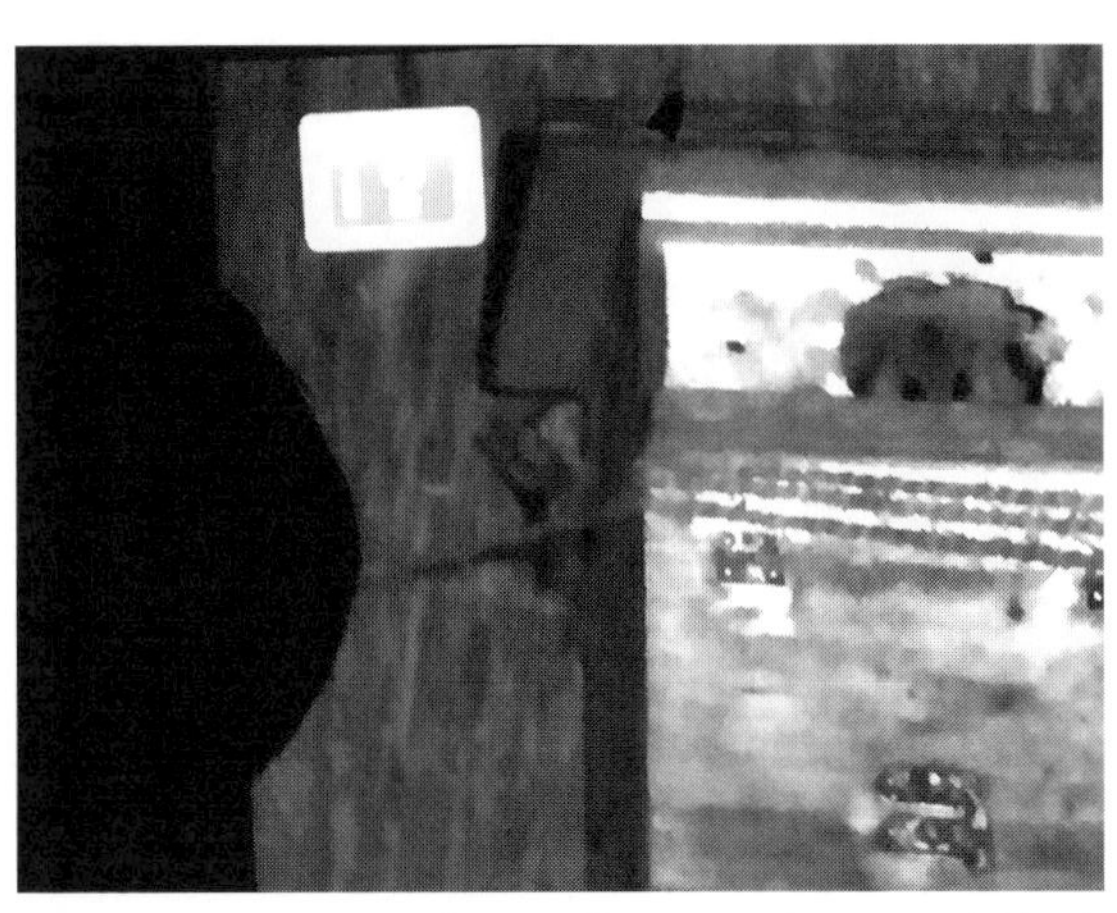

大画面モニターに映った"モモンガ"と、それをのぞきこむゼミ生(頭のシルエット)。なんか小さくて、控えめなモモンガだなー、という感じは確かにあったが………

空間の限界を破ることができる。そして、私は、その、じつに巧みにモモンガのまねをして**われわれを欺いていた動物**が○○○であることを、まったくはじめての体験であるにもかかわらず、膨大な情報を総合的に分析して見ぬいたのだ。

そう、その動物は、ヤ・マ・ネだ。

そうなると**新たな問題が顔を出す。**

「いかにして、私が、その動物を、ヤマネを間違えてモモンガと言ってしまったのか。いずれにせよ、なぜヤマネと気づくのが遅れてしまったのか」、それをゼミ生たちに、私の威厳を損なうことなくどう伝えたらよいか。

確か私はこんな感じで言ったと思う。

何もなかったかのように、突然、「へー、あれはヤマネだよ。ヤマネだ！　**みんなラッキーだね。**ヤマネが巣箱から顔を出してこちらを見ている。こんな場面、見た人なんか誰もいないよ」とかなんとか**（………ゼミ生たちがどう思ったかは私にはわからない）**。でも、実際、これはとてもとてもめずらしいことだと思う。私も、こんな場面に出合ったことはないし、写真でもこんな場面、見たことない。

そして、話はそこでは終わらない。

ある考えが私の脳にひらめいた。とても魅力的な考えが。それは次のようなものだった。

「ここでフクロウの声を聞かせたらヤマネは何か反応するだろうか？」


じつは、このテーマは、かなり前から考えていたものだった。

というのは、モモンガと同じくヤマネも樹上を好む夜行性の哺乳類であり、夜、狩りをするフクロウにとってはハンティングの対象になるはずだ。

実際、フクロウのペレット（捕食したが消化できなかった骨などを口から吐き出した塊）を調べる調査で、フクロウがヤマネをハンティングしていることが確認されている。


絶好の場面だ。「ヤマネが巣箱の出入り口から顔を見せている」という場面で、フクロウの声をヤマネに聞かせてやればよいのだ。

そりゃあそうだが、フクロウの声を聞かせるって、**いったいどうするの？**


そこだ！ それが、**私くらいの動物行動学者になると、可能なのだ。**

ちょうど数日前から、3年生のFtさんとYsさんは、キクガシラコウモリの、フクロウの鳴き声に対する反応を、大学の実験室で調べていた。Ftさんが、フクロウの声をスマホに録音して、実験室を飛翔するキクガシラコウモリに聞かせる試行実験を始めていたのだ。

私はFtさんに聞いてみた。

「今、スマホからフクロウの鳴き声、再生できる?」

私の突然のリクエストに対してFtさんは答えた。

「できます」

決まりだ。

私は、ヤマネのカメラ映像が〝録画〟になっていることを確認して、Ftさんに「じゃ、再生して」と頼み、大画面モニターに見入った。

次の瞬間、ヤマネは(それまで、少なくともわれわれが外界でいろいろと雑音を立てていたのに特に姿勢も変えなかったヤマネが)、身をひるがえしてサッと巣箱に入ったのだ。サッと身をひるがえして。

「やったーーっ!」、そんな気持ちだった。

もちろん追試実験が何度も必要だが、私の直感は、これが「ヤマネのフクロウの声に対する反応」の答えであると言っていた。ちょっと興奮気味にゼミ生たちに状況を説明し（ゼミ生たちだってそんなことわかっていただろうが、私は説明したかったのだ）、いつの間にか、**モモンガの〝下界眺め〟〝出勤〟の観察はどこかかなたへ姿を消していた。**

山小屋へ帰ったわれわれは、トランプで遊び、三々五々、眠りについた。

山小屋の朝は気持ちがいい。鳥の声が、谷川の音をBGMに、にぎやかに聞こえた。

いつでもどこでも虫を探すObくんは、深夜

翌朝、谷川で採った魚

と早朝に虫探しに行ったらしい。キツネが山小屋のそばに来ていたと教えてくれた。

朝は、谷川で私が採った魚を串刺しにして、山小屋の外で火をたいて焼いて食べた。

その後、私は、ヤマネのフクロウに対する反応を大学の実験室で調べた。

その結果はまた別の機会に。ただし、ゼミ合宿の夜の私の直感が正しかったことはお伝えしておきたい。

採った魚を山小屋の外で串刺しにして焼いて食べた

ヤギは尾をふって
「これは遊びだよ」と相手に伝える

ヤギの「尾ふり」はヒトの「笑い」

本章を書こうと思い立ったのは、最近、以下のような三つの出来事が連なるように起きたからだ。

まず一つ目。

私が勤務する大学のヤギたちを見ていて、これまで**うすうす感じていたことが、**最近の観察によって、**「推察が確信に変わった」**みたいな（そこまで大げさではないが、公表してもいいだろう、くらいの確信を得るにいたった、とでも言えばよいのか）。

二つ目。

二〇一八年に築地書館から出版された『遊びが学びに欠かせないわけ』を読み、そのなかに書かれていたことに、ちょっと心を動かされたということ。私も**うすうす感じてきていたこと**が、理論と実例をともなってズバリと書かれていたのだ。**イヤ、感銘を受けた。**そして、その内容が「ヤギの『尾ふり』はヒトの『笑い』」とも関連していたのだ。

でも、以上の二つだけだったら、多分、本章は書いていなかっただろう。

三つ目。

ＮＨＫ（日本放送協会）から、テレビ番組「ＢＳ世界のドキュメンタリー」で放映される

「遊びの科学」（原題：The power of play）について、日本語への吹き替えの監修を依頼され、その内容がまたじつによかったのだ。

ちなみに、英語のオリジナル版が送られてきたのだが、そのなかに、私が若いころある雑誌（まー動物行動学の分野では世界で一番重視されていた雑誌といってもよいだろう）に投稿した論文に関して大変お世話になったG・M・バーグハルト教授が出演されていたのだ。バーグハルト教授は、ヘビやカメといった爬虫類の世界的権威で、当時、その雑誌の編集長をされていた。「遊びの科学」の映像のなかの教授は若々しくはあったが、私の計算ではもう八〇歳近い（あるいはそれを超えた）年齢になられていただろう。

それに関連して、ちょっと余談をさせていただくと……。

私は、若かりしころ、シベリアシマリスが、**ヘビのニオイを自分の体に塗りつけることを発見**し、さらにその行動はシベリアシマリスの捕食者（各種ヘビやヒグマ）からの攻撃を抑制する効果があることを実験的に示した。そして、前述の国際雑誌に投稿した。

バーグハルト教授は、私から受けとった論文を、自分の一番弟子で、当時、ヘビの化学生態学の分野の第一人者であったP・ウェルドン教授を含めた三人の研究者に送ったのだが（論文が雑誌に掲載されるためには、レフェリーと呼ばれる数人の評価者に、掲載の価値がある、と認められなければならない）、ウェルドン教授は、私に直接、手紙をくれ、いろいろなアドバイスをしてくれたのだ。そのアドバイスのおかげもあって、私の論文は、その雑誌に掲載されることになった。

ところでウェルドン教授がとった行動は**レフェリーとしては異例なものだった。**「自分が評価する論文の投稿者に名前を知られない」ことがレフェリーにとって大原則だったからだ。あとでわかったことだが、バーグハルト教授の英断でそれが許可されたということだった。

それから一年後、バーグハルト教授とウェルドン教授の働きかけで、テキサス州の大学（テキサスA&M大学）で開かれた**国際学会に招待され、**シベリアシマリスの行動について発表した。

それからもバーグハルト教授とウェルドン教授とは研究についていろいろと情報交換を続けた（当時はe-mailなどなかったので手紙で、だ）。バーグハルト教授が、私が論文のなかで引用していた、当時、北海道のヒグマ博物館で学芸員をされていた加納菜穂子さんがある雑誌に報告した「ヒグマがヘビのニオイをとても嫌がる（ニオイを嗅ぐと泡を吹いて後ずさりする）」という内容に大変興味を示されたので、私が全文を英語に翻訳して送ったこともあった。

そして……だ。

それから一〇年くらいたったころだ。私は、ヒトの遊びについて研究したいと思うようになっていたのだが（実際、その後、研究を行ない論文も三編書いた）、これまでの研究について調べたところ、バーグハルト教授が巻頭言を書かれた専門書"Animal play"（Cambridge University Press 1998）に出合ったのだ。「ほーっ、バーグハルト教授は、動物の遊びの研究も行なっていたのか」というのが私の感想だったのだが、今から考えると、それが、NHKで放送された「遊びの科学」への出演につながったのだろう。

ちなみにその番組では、前半がヒト以外の動物の子どもの遊びについて、後半ではヒトの子どもの遊びについて、それぞれの動物種の**心身の健康な発達にいかに遊びが重要であるか**が示されていた。一方で、近年、ヒトの子どもたちの屋外での遊びが激減している状況に警告を鳴らす内容になっていた。

余談が長くなったが、こういった、発見であったり、感銘であったり、懐かしさであったり、そんな出来事が重なり、本章を書こうと決めたのである。

ヒトも含めた多くのほかの哺乳類と同じく、**ヤギも子どものころよく遊ぶ**（ちなみに、以下、「遊び」という行動を、「直接的にはその個体の生存・繁殖に役に立つとは考えられない、個体同士間での親和的やりとり」と定義して話を進めたい）。

名古屋大学農学部からやって来た、その後「シバコ」と名づけられた子ヤギは、当時、鳥取環境大学にいた、大きくていかにも堂々としたヤギ部第一号のヤギコという名のヤギに、**しばしば遊びを仕掛けた。**

前足をヤギコの背中に乗せたり、いきよいよく走ってきて、ヤギコの腹の下をすりぬけたり、……。

鳥取環境大学ヤギ部第一号ヤギコの背中に前足を乗せたり、腹の下をくぐりぬけたりして、遊びを仕掛けるシバコ

六年前、**本学のヤギ部ではじめて生まれた子ヤギのアズキ**（学生たちの負担を考えて雌しか飼育しないことにしているのだが、メイという雌は、本学にやって来たときすでに妊娠していたらしいのだ。いや、していたのだ。二匹の子ヤギが生まれたときはみんな驚いた。どちらも雌だったのでそのまま母ヤギと暮らすことになった）は**特におてんばだった。**

放牧場のトチノキの下あたりに置いてある木のベンチ（当初の計画では、私は木陰のベンチに腰かけて、**風に吹かれてヤギたちを見ながら、紅茶を飲むつもりだった。**でもベンチはヤギたちに占領され、表面は、土や糞で汚れ、**……そんなところで紅茶が飲めるかい！）**が大のお気に入りで、姉妹のキナコと上に乗ってはジャ

ここで生まれたアズキは特におてんばで、ベンチの上から、そばに座っている私めがけてジャンプしてくる。そりゃあ痛いよ！

ンプして着地する、そんな運動を繰り返していた。もちろん跳び方や着地の場所をいろいろと変えながら。

きっと運動能力のとてもいい発達につながったことだろう。それも遊びの働きの本質の一つである。

ただし、アズキがしばしば、ベンチのそばに座っている私めがけてジャンプしてくるのには閉口した。膝に着地されたり、頭を腹や背中に当てられたりしたら、**そりゃあ、痛いのだ。**

遊ぶのは、もちろん、子どもたちだけではない。いろいろな動物で、成獣も遊ぶ。**成獣が一番よく遊ぶのは、なんといってもホモ・サピエンスだろう。**オランダの著名な歴史学者ヨハン・ホイジンガは、生物学的には*Homo sapiens*（賢い人）になっている学名を*Homo ludens*（遊ぶ人）とすべきだ、と言った。

ホモ・サピエンスほどではないが**ヤギの成獣も遊ぶ。**

成獣で時々見られる遊びは「頭突き(ずつき)」である（多くのヤギは角(つの)をもっているので、その場合は「角突き」と呼んでもいいだろう）。

「頭突き」は、一方のヤギが頭を下げて、相手のヤギのほうを向くところから始まる。一瞬、体が硬直して不自然な曲がり方をしたような、独特の姿勢で相手に向かうので、〝相手〟も、それがわかるのだろう。つまり、「頭突き」に誘われていることが。

それから二頭は、リズムを合わせ、頭を上げ（時には前脚まで大きく持ち上げ）、重力の赴くまま、なだれ落ちるようにして、頭をぶつけ合うのだ。その光景は、何度見ても**「野生の躍動感」**のようなものを感じる。

「頭突き」は、本来は二頭の個体が、群れ内での順位や異性をめぐる争いなどでの優劣を決めるときに行なわれる真面目な闘争行動である。でも、遊びというのは、本来は真面目な敵対的行動や逃避行動、狩猟行動などが、それぞれの行動の動機づけを欠いた状態で発現する根なし草のような行動なのである。だからこそ、追いかけていたと思ったら、次の瞬間、逃げに転じたり、狩りのような動作をしていてもとどめは刺さなかったり、といった**〝本気さ〟をともなわない多様で型にはまらない創造的な動き**ができるのである。そこに**遊びの、生存・繁殖における重要性がある**（この点については後ほどまた詳しくお話しする）。

そういうわけで、「頭突き」は、成獣で（幼獣でも）遊びでも行なわれるのだ。

一方、敵対的な動機づけにつき動かされた「頭突き」ももちろん見たことはある。ただし、少なくとも鳥取環境大学のヤギたちの間では見る機会は少なく、私は、これまでの二〇年近くの間で五、六回ほどしか見たことはない。本気の「頭突き」を見る機会が少ないのは次のような理由からではないかと私は推察している。

①ヤギの群れでは、順位は一度決まるとそのまま安定し、無駄な争いはほとんど起きない。

②鳥取環境大学のヤギたちはすべて雌であり、雄同士のような、繁殖期に雌をめぐる争いが起きない。

私の印象に残っている**本気の「頭突き」**の一例を少しお話ししよう。

それは、古参の群れに新参者のヤギが二頭入ったときのことだった。そして、古参の群れにはコハルとコユキという母子がおり、新参ヤギは、これまた母子のヤギだったのだ。後にクルミとミルクと名づけられた。

最初の一カ月は、クルミとミルクは、柵内の隅に鉄のメッシュ板で仕切られた区画で飼われていた。古参のコハルたちに攻撃されるのを部員たちが心配してそうしたのだ（メッシュ板があっても板越しにコハルは新参ヤギたちを攻撃しようとした）。

一カ月を過ぎると、古参ヤギたちと新参ヤギたちはそれぞれの存在にある程度慣れ、クルミとミルクも、古参のヤギたちをあまり怖がらなくなっていた。

部員たちはそんな変化も確認し、いよいよ鉄メッシュを取り、クルミとミルクを古参の群れと直接ふれあわせようとした。

さて、広い場所に、そろりそろりと出ていったクルミとミルク、**そこでいったい、何が起こったか。**

案の定、近寄ってきたのだ。古参の母ヤギ、コハルが。

コハルは半分シバヤギ（小型の品種）の血を受け継いでいて体は少し小さかったが、骨格はがっしりしていて、なにより**精神が闘士だった。**

そして、明らかに**「頭突き」につながる姿勢でクルミの正面に立った**のだ。

ではクルミは？

クルミはたじろがなかった。コハルの行動を堂々と受けとめ、「頭突き」の意図を示す姿勢にゆっくりと移行していった。

このとき動物行動学的にもとても興味深かったのは、クルミとコハルのそれぞれの娘（つまりミルクとコユキ）の行動だ。何が起こっているのか理解したのだろう。独特な姿勢で相手ににじり寄る自分の母親の後ろに、これまた**緊張した独特な姿勢で、ピタッとくっついた**のである。

そして、**母たちの「頭突き」は起こった。**繰り返し、激しく続けられた。

近くで見ていた私にははっきりと感じられた。このときの「頭突き」は遊びではない、と。順位をかけた、つまり、はっきりとした動機づけと目的をともなった**懸命の戦いだった。**

両者とも引くことはなく、最後は打ち合わせたように互いに後ろを向いて離れていった。娘たちも母について離れていった。

つけ加えると、この出来事のあと、クルミとミルクは群れとともに行動するように

コハル vs クルミの「頭突き」。これは本気の「頭突き」だ。それぞれの娘（コユキとミルク）が、母ヤギの後ろにくっついている

なり、コハルとクルミが攻撃しあうことはなかった。

さて、ここからがポイントだ。

「遊び」と思われる「頭突き」と、相手への攻撃という特定の目的、動機づけをもって行なわれる本気の「頭突き」の間には**一つの明確な違いがある。**

……**それが「尾ふり」**なのだ。

遊びのときの「頭突き」ではヤギたちは、尾をふりながらいかにもそれを楽しんでいるといった様子で（あくまでも私の主観）行ない、本気の「頭突き」のときは尾はふられない。緊張感に満ちて（あくまで私の主観）水平ちょっと上方向に、後方へと伸びて固定されている。

おそらく後者のときは、（ヤギたちが意識するかどうかは不明だが）いかに相手にダメージを与える「頭突き」を行なうかといった点に神経が集中しており、尾をふるゆとりなどないのではないか、と推察される。

そう、**遊びにはある程度のゆとりが必要**なのだ。そのゆとりが、異なった種類の動機づけを入れ代わり立ち代わり生起させ、さまざまな順序で、新しい（創造的な）行動を生み出すのではないだろうか。

ここで読者のみなさんは思われるかもしれない。

サブタイトルにある「ヤギの『尾ふり』」と「ヒトの『笑い』」がどう関係するのか、と。

よくぞ聞いてくださった。その問いを待っていたのだ。つまりこういうことだ。


まずは、先に少しお話しした『遊びが学びに欠かせないわけ』とＮＨＫの「遊びの科学」の内容の一部をご紹介し、ヒトやヒト以外の動物の遊びが、彼らの生活のなかでいかに大切かを感じとっていただきたい。


ハムスターを対象にした実験では、次のようなことがわかっている。

ほかの環境条件は同じでも、**子どものころに仲間とよく遊んだ**ハムスターは、新しい環境の新しい集団のなかにうまく入っていくことができるが、**仲間と遊ぶ機会がなかった**ハムスターは、新しい環境に移されると不安感を示す行動を見せ、隅にうずくまり、新しい集団に入ろうとはしなかった。他個体に近づかれると怖がる行動を示したのだ。

このような傾向はハムスターにかぎらず、ほかの齧歯類や霊長類でもよく知られているが、ハムスターの例では、脳内の神経細胞を調べてみると、**よく遊んだ個体の場合は**神経突起が秩

ヤギは尾をふって「これは遊びだよ」と相手に伝える

遊びのときの「頭突き」(キナコとアズキの姉妹)。2頭とも尾がふられているのがおわかりになるだろうか

序ある伸び方をしているのに対し、遊ばなかった個体の神経突起は伸び方が不規則で乱れていた（「遊びの科学」より）。

『遊びが学びに欠かせないわけ』では、アメリカのサドベリー・バレー・スクールでの例が紹介されていた。

そこでは**異年齢の子どもたちが、**安心して自由に遊べる時間と空間がたっぷり与えられており、大人たちは近くで見守っているだけ（これは狩猟採集民においてほぼ例外なくみられる子どもたちの遊びの形態だ）という環境のなかで自主的な学習が行なわれる。

そのなかで子どもたちは周囲の環境の変化に柔軟に対応し、さまざまな課題を仲間と協力して、知恵を出しあって解決していく。それが**子どもたちにとってはとても楽しい**のだ。だから仲間が遊びをやめないように配慮しながら対人的な能力も発達させていく。

ちなみに、大部分の生徒たちは、自分の力に自信をもち、ビジネス、建築、アート、医療など、自分の興味のある分野に進んでいるという。

多くの動物行動学者は遊びの起こり方やその有用性についてほぼ同一の見解をもっている。

たとえば、人間行動学の祖とも言えるオランダのアイブル＝アイベスフェルトは、著書『比較行動学I』（みすず書房）のなかで、次のような指摘をしている。

遊びは怒りとか、恐怖とか、狩りの衝動とかいった一種類の感情に縛られることなく発現する。したがって**思いもかけない展開や動作が生まれ、**それがやがて本物の実用的な行動として現われるとき、**多様なレパートリー、多様なパターンの動き**を有したすぐれた動作につながる。

サッカーのプレーで（遊びを通して身につけられた）「創造的なプレー」と呼ばれたりするのがそれである。これは私の見解だが。

言葉の遊びも、言葉の微妙で高度な使い方を後押しし、豊かな言葉の使い手を育てるのだと私は考えている。

遊びの大切さ………まー、こんなところだ。

では、「笑い」と「尾ふり」との関係だ。

ここまでお話ししてきた「遊び」の大切さだが、遊びを続けるうえでは**どうしても解決しておかなければならない問題**がある。それは、「遊びのなかには攻撃や威嚇などの動作も含まれることが多いため、相手が、それを**本気の行動だと勘違い**すると本物の戦いに進んでしまう可能性がある」ということだ（言葉でも、みんなが遊びとわかっている状況のなかでは、冗談として、つまり遊びとして問題にならない、むしろ親交を高めるようなものであっても、遊びのなかでなかったら問題になることも多々ある）。

そして、その問題を防ぎ、大切な活動である遊びを長つづきさせるために、ヒトも含めた動物たちは、**「これは遊びだよ。本気じゃないよ」**という信号を、遊びのなかで出しあっているのである。

読者のみなさんは気づかれただろうか。

その、「これは遊びだよ。本気じゃないよ」という信号こそ、ヒトでは、**ハッ、ハッ、ハッ**という発声をともなう**「笑い」**であり、ヤギの場合は**「尾ふり」**だということなのだ（〝なのだ〟と言いきってしまってはいけない。あくまでも私の仮説だ）。

私は理論的、実験的な「分析」が好きなので、理屈っぽいことが好きではない方はここで終わりにしていただいて結構だ。

ここで本章の内容は実質的には終わりだ。

でも、読んでくださるのですか。ありがとうございます。**では、力をこめて。**

私が興味をもつのは、「これは遊びだよ。本気じゃないよ」という信号が、なぜヒトでは、横隔膜を揺らして、ハッ、ハッ、ハッと、息を吸って吐く「笑い」になり、ヤギでは（私の仮説では）尾をいろいろな方向に揺らす「尾ふり」になるのか？　という問題である。


「ハッ、ハッ、ハッ」のほうからだ。

私は次のような説明があたっていると思う。

そもそもホモ・サピエンスの祖先種において、子ども時代に最初に、また最高頻度で行なわれたであろう典型的な遊びは、なんと言っても、たくさんの酸素の消費をともなう、激しく体を動かす運動的な遊びではなかっただろうか。そして、表情筋が発達し多彩な表情や声の変化でコミュニケーションをとるホモ・サピエンス（やその祖先種）では、表情や声が遊びの信号となりやすかったのではないだろうか。

次、ヤギのほうだ。

ヤギでは表情筋や発声器官はあまり発達しておらず、表情や声を遊びの信号として利用するのは困難だった。それに対し、（長くないとはいえ）尾は、運動のとき、進む方向の舵とり、バランスとりなどでよく使われる。そして、尾が活発に、迅速に方向を変えながら動かされるということは、遊びの本質である「いろんな姿勢をとったりいろんな方向へ進んだりするよ」という意図の表出にもなり、**遊びの信号としてぴったり**だったのではないだろうか。

あー、**仮説の上に仮説を重ねてしまった**（でも、検証も心がけるつもりである）。こういう作業は私には、**脳の遊び**なのである。**真剣でスリリングな遊び**なのである。脳も少しは老化を止め、うまくいけば向上するかもしれない……**なんちゃって。**

おしまい。

私のスギについての思い出

幼いころから今日まで、
いろんな場面でスギとかかわり、
スギに助けられ………

自然や生物全般が大好きな私だが（動物行動学から見た人間、つまりホモ・サピエンスという動物種も大好きだ）、植物より動物のほうが好きだ。なぜそうなのか、理由はよくわからない。

ただ、野生動物を調べる人間は、必ずと言ってもいいくらい植物にも詳しくなる。動物と植物は、食べ物やねぐらなど、さまざまな形でつながりあっているからだ。ある動物について深く知ろうとすると、植物についていろいろ知ることが必要になってくるのだ。

そんな私が、「先生！シリーズ」（意味がおわかりにならない方もおられるだろう。〝先生！シリーズ〟でネット検索していただけたら……）で、植物を主役にして書いた章が二つある。一つは、大学の建物の壁を緑に覆うべく植えられ、当時、三分の一から二分の一程度目標を達成していた（つまり、壁全体を覆うほどにはなっていないということだ。今でも足踏み状態である）ツタの話（『先生、ワラジムシが取っ組みあいのケンカをしています！』）。もう一つは、ヤギの放牧場に移植されたトチノキの話（『先生、イソギンチャクが腹痛を起こしています！』）である。

トチノキについては、その背後には、私の次のような**長年温めていた企み**があった。

「葉をしっかり茂らせた木の下には、涼しい風が吹く木陰の空間ができる。そこにテーブルと椅子があり、そこで草を食む（はむ）ヤギたちを眺めながら紅茶を飲む」

そして、その〝木〟がトチノキだったのである。**その企みは、**………習性として高いところが好きなヤギたちが〝椅子〟の上に好んでのぼり、そこで糞もして、………**そんなところで紅茶なんか飲めるかい！**………つまり、企みはヤギたちのおかげで、すぐに崩れ去ったのである。

もちろん「先生！シリーズ」の本たちのタイトルの副題は「鳥取環境大学の森の人間動物行動学」なので、植物が主役になることが少ないのは当然なのだが、でも今回、私は、ある植物を主役にして、どうしても一章を書きたくなった。

それは、何か特別な事件があったからというより、じわじわ**私のなかで満ちてきてあふれるくらいになってきた、**と言えばよいのだろうか。

それと、今回、一五巻目という区切りのなかで、幼かったころから今の自分にいたるすべての時間に、なんらかの形でかかわりあってきた、ある植物について書いてみたいという思いになった、ということもあるだろう。

そして、その〝植物〟というのは、タイトルにもあるように「スギ」である。

現在、私が研究でお世話になっているニホンモモンガも、スギがあるから、調査地の森に生息してくれているのだ。モモンガが利用する巣の多くは、スギに空いた穴（樹洞）のなかにつくられるし、巣材はほぼ一〇〇パーセント、スギの樹皮をほぐした繊維だ。さらに、ニホンモモンガの主食は、なんと言ってもスギの葉だ。

私がお世話になっているニホンモモンガが、スギのお世話になっているのだから、私もスギのお世話になっている、と言うべきだろう。

現在の研究と言えば、私がお世話になっているコウモリも時々、スギにお世話になっている。

昨年（二〇一九年）から、**スギの板でつくったコウモリ巣箱**（bat box）をモモンガの森のスギの木に取

スギの葉を食べるモモンガ（左）とスギの木の枝で休むモモンガ（右）

りつけ（モモンガの森では、深夜、木々の間を飛翔するコウモリを目にする）、樹洞をねぐらにするコウモリを招待しているのだ。

なかなか入ってくれないが、二度、なかにコウモリが入っているのが確認された。コテングコウモリとモモジロコウモリだった（モモジロコウモリは岩の洞窟をねぐらにすることが多いが、地面の石の下に入ったり、まー、いろいろなところに入るのだ。いずれにせよ、せまいところを好むコウモリだ）。

スギは日本の固有種で、学名は*Cryptomeria japonica*（ジャポニカ！）だ。一万三〇〇〇年くらい前に、種として誕生したと考えられている。

現在、日本には、太平洋側と山陰、東北、九州といった、環境が異なる地域への適応的な変異の結果、ま

モモンガの森のスギの幹に取りつけたコウモリの巣箱（左）。そのなかにコウモリが2匹入っていた（右）

た人々が用途などに合わせて人為的に選択した結果、有名なところで次のような品種が知られている。

「屋久杉」「立山杉」「吉野杉」「北山杉」「秋田杉」「山武杉」……

私の父が若かったころ、植林は、経済的に有望な投資だった（あとでお話しするが、だから、幼い私や兄たちも父について山に入り、植林やスギの手入れにかなりの時間と労力を費やした）。でも、その投資は、大失敗に終わることになった。安い外材が入りはじめ、国産材のスギは売れなくなったのだ。父は、たまにそのことを口にし、われわれ兄弟に「すまないな」と言っていた。

そういったことも含め、スギほど、日本において、ヒトの生活に密接にかかわりあいつつも、**人の気持ちに翻弄されてきた木**も少ないのではないだろうか。

古代より日本人の暮らしを支えてきた木であることは間違いないのだが、近代にいたっては、あるときは金になるありがたい木として、あるときは手入れをする価値もない雑木として、またあるときは神の宿る神聖な木として、あるときは生物多様性を破壊する、光が林床に届きにくくなった人工林の広がり、「緑の砂漠」の木として、最近では、環境問題への対応としての保全林業や癒やしの立役者として、同時に花粉症の犯罪者として。

少年時代の思い出——スギの木起こしと枝打ちと

さて、私のこれまでの人生のなかで、スギと正面から向きあった最も早い時期の記憶は、頭や枝に雪を被り、その重さで幹が傾いてしまった、まだ十分育ちきっていないスギについての記憶だ。私が、小学校の低学年だったころの記憶だ。

斜面に植えられたスギは、**積雪で特によく傾く**のだ。そして、父と私を含めた兄弟三人は、このスギの**傾きを直してやらなければならない。**そうしないと、よい材がとれる真っ直ぐなスギにはならないのだ。

頭や枝を覆った雪は、氷のように固まって重くなっている場合が多い。その雪を手で叩いて落としてやると、スギは雪の飛沫を飛ばしながら跳ね上がるようにして直立する。でも、雪を落としてやっても、それまでの傾きで幹内部の組織がズレたり変形したりしてしまい、傾きがそのまま残ってしまうスギもある。

そんなスギを父はどうするのか（そしてその作業が、つまり、子どもたちの作業にもなる）。

簡単だ。**つっかえ棒をして直立姿勢に矯正してやる**のだ。

近くに生えているスギ以外の、あまり太くない自然木を鉈（ナイフの化け物）で切ってYの字のような形にする。そのY字木の二股のつけ根のところを、傾いているスギのどこかのとっかかりにからませて、アッパーカットのように下から押し上げるのだ。

この作業は、スギが小さいときは一人ひとりが単独で行ない、スギが大きいときには何人かが助けあって行なう。

作業が成功するかどうかのポイントはいくつかある。一つ目は、つっかえ棒にするよいY字木をつくれるかどうか、二つ目は、Y字木の取りつけ方である。地面のどこにY字木の下端を差しこんで固定するか、Y字木を、上下左右、どんな向きでスギにあてがうか、これらのポイントを含めて、**良い仕事をするにはなかなかの修練がいる。**幼い私は、三人の師匠の仕事をまねながら自分でも試し試し〝修練〟を積んだ。

傾いたスギが、勾配がきつい斜面に生えている場合にはY字木は使えない。そんなときはどうするのか。

父の**答えは簡単で、かつ、創造的だ。**

近くの木に巻きついているカズラ（木本性の蔓植物だ）を取ってきて、**カズラをスギの幹に**

巻きつけて引っ張り、スギが直立したところで、スギの幹からのびているカズラの端を、どっしりした木の根もとなどに固定するのである。固定するものがないときは、鉈で、あたりの木から杭をつくり、それを地面に打ちこんで、〝アンカー〟にする。

そんなふうにしてスギと接していると、幹や枝や葉が、私の、顔の皮膚を含めた体全体に、時に緩やかに、時に激しくふれ、**生身のスギを五感で知る**ことになる。

樹皮や葉のスギ独特のニオイ、ざらざらして硬い幹やトゲトゲの葉の感触は否が応でも**小林少年の脳に刻みこまれる**ことになる。

とうとつだが、読者のみなさんは、スギの苗木を山に植えられたことはおありだろうか。そして、その苗が、ある程度の高さ（七〇～八〇センチくらい）にまで育ったころ、炎天下で〝下刈り〟という作業をされたことはおありだろうか。

私は、ある。

苗を、根が乾かないように、薦（こも）（藁で粗く編んだ敷物みたいなもの）に包み、さらにビニールの袋などに入れて山まで運ぶ。植える場所を決めたら、鍬で地面に裂け目を入れるように、土を掘り、苗の根を裂け目に入れて土をかぶせ、踏み固める。最後に、周囲の草などを刈って、根もとに積んで、また踏み固める。こうやって苗木を植えるのだが、苗植えを描写していたら、なんだか**足のほうがムズムズしてきた。**あの、足に伝わってくる独特の感覚が蘇ってくるからだろう。

学校の教員をしていた父は、山や田んぼの仕事を休日にまとめてやるものだから、**われわれ息子たちも休日といえば、仕事！**みたいな感じで、結構、そのころの仕事にまつわる体験が体に、いや、脳に深く染みこんでいるのだと思う。間違いない。

〝下刈り〟というのは、苗よりも早く成長し、苗を覆って太陽の光をさえぎるようになった草を根もとから切っていく作業だ。下刈りは草が勢いよく伸びきった夏に行なうのだが、夏の直射日光が容赦なく、私の体にも当たるのだ。暑いのだ。**汗が滝のように出る。**

今は草刈り機で行なうのだろうが、当時は、下刈り専用の、柄が長く刃も大きい「草刈り鎌」（大鎌とも言う）で行なった。

その鎌で、苗を切らないように注意しながら、苗のまわりの草を刈っていくのだ（未熟な私は、時々、鎌の刃が苗にあたって、幹にかなり深い傷をつけたこともあった。**もちろん父には**

言わず、何もなかったかのように作業を続けた）。

大きな草刈り鎌をふるっていると手はだるくなるし、体中から汗は噴き出すし、**そして……それぱかりではない。**夏の草原では、アシナガバチが巣をつくって子育ての真っ最中だ。草の葉の裏やスギの苗木の枝に巣をつくり、働きバチも増え、たくさんの幼虫を育てている。**そんなときのハチたちは攻撃的だ。**それは当然だ。巣を守り幼虫（自分たちの姉妹たち）に餌を与えなければならないのだ。

そうすると、どうなるか。

経験が浅く、まだ幼い小林少年は、ハチによく刺されるのだ。アシナガバチに刺されると、結構、痛い。でもそのうちに慣れてくるから、小林少年も、結構、たくましかった。そして否が応でも、自然について、野生生物についていろいろなことを学んだのだ。

周囲に草がなくなって、スクッと立って、しっかりと光を浴びているスギの苗木たちを見るのは気持ちがいい。充実感を覚えることもあった。子どもながらにしっかり育ってほしいと思ったのだ。

ひと休みのときは、みんなでそろって、木陰で、母親が用意してくれたむすびなどを食べ、お茶を飲んだのを記憶している。

なんか、**年寄りの思い出話のように**なってきた。スギの話だ。

ではもう一つだけ、スギを育てる、これまた大切な作業について。

読者の方のなかには、「スギ」と言うと下の写真のような姿を思い浮かべられる方もおられるかもしれない。

でも、**まったく放っておくとスギはそんな姿にはならない。**放っておくと次ページの写真のような姿になる。そのまま手を入れずにおくとこんな感じの樹木になる。

ではなぜ右のような姿になるのか。

それは、成木になったスギの枝を人間が切る

「スギ」と言うと、多くの人はこの写真のような姿をイメージされるだろう

からだ。

枝を、切り口の面が幹の表面と同一になるくらいのつけ根で切り落とすのだ。道具は、鉈だ（鉈の使い方は、これがまた深いのだ）。

この、枝を幹の表面すれすれの根もとから切り落とす作業は、「枝打ち」と呼ばれ、一本のスギの木が、**よい材になるかどうかが、**この枝打ちの丁寧さ、うまさで決まるのだ。

枝の跡がめだたない幹の部分が長いからこそ、そこから価値が高い長い板材を切り出すことができるのだ。

もちろん私も枝打ちをやった。最初は見様見まねで、やがて自力で改良を重ねながら、何年

だが、まったく手入れしないで放っておくと、こんな感じの樹木になる

も何年も、幼いころから大学生のころまで。やがて日本の木材がほとんど見向きもされなくなって、スギを育てる作業もすることはなくなっていった。

熟練した人間が枝打ちをしたあとに残る卵型の切り口は、**ちょっとスゴイよ。**

切り口の表面はすべて幹の表面になったかのように**一寸の狂いもない深さで輝いている。**

切り口の〝卵型〟のなかには、もちろん年輪もある。切れ味鋭く、技を熟知した腕と鉈は、**それはそれは惚れ惚れする〝卵型〟をつくり出す。**

私だって、時とともに、その腕前はちょっとしたものになっていった。枝打ちの感覚はこの腕が、脳がしっかり覚えている。鉈が枝にあたって手に響いてくる振動。鉈の微細な扱いは心地よいものだ。今でも、森へ行って、下のほうに枝が残っているスギの木を見ると、**脳のなかで鉈がふられ**枝にあたる振動が響いてくる（正直、私に鉈と、下方に枝が残っているスギを与えてくれたら、**ちょっとスゴイよ。**もちろん今でも）。

なんの話かわからなくなってきた。

話題を変えよう。

読者のみなさんは、「芦津モモンガショップ」をご存じだろうか。鳥取県智頭町芦津の、モモンガの生息する森をテーマにした〝モモンガグッズ〟のネットショップだ（momongashop.blogspot.com）。

一〇年以上前に始めた企画で、細々と続いている。

そして、三年ほど前には、新作「モモンガの森の杉」が加わった。面白いと思ったのだがイマイチ（いやイマハチくらい）の新作で、これまで注文があったのは、五〇人ちょっとだ。

モモンガの森で調査しているときいつも心を癒やしてくれ、一方で、残念に思っていたことがあった。

それは、高さ三、四センチ足らずの**スギの赤ん坊**である。

幸運にも、スギ林の地面の、切り株の上に着生したコケのなかなどに落ちたスギの種から出芽したのだろう。コケが保持している水分に助けられ、三、四センチくらいまでには成長したのだ。頑張って育ってきた小さい姿には誰でも**愛着を感じるはずだ。心癒やされるはずだ。**

しかし、コケの上に落ちたところまでは幸運だったが、**その幸運は続かないだろう。**その後、彼らの九九パーセント以上は枯れていくだろう。頭上を覆うスギの葉のせいで、その後の成長に必要な十分な光が得られないだろうし、加えて、大きく育つだけの水分や栄養が不足してくるにちがいない。

そこで**あるとき、私は考えた**のだ。

このスギの赤ん坊たちを、都会に住む人たちに育ててもらってはどうだろうか。「モモンガの森の杉」というモモンガグッズの新作にすればいい、と。

そして、少し大きくなるまで、ベランダとか部屋のなかで育ててもらい、庭木や盆栽のようにする……というのはどうだ。

大学にもどった私は、さっそく、おしゃれで、一週間くらいはそのなかで生きつづけられ、さらに封筒に入れても大丈夫なものを考えはじめ

種から出芽した3、4cm足らずのスギの赤ん坊。大きく育つのは難しく、99%以上は枯れていくだろう

た。

そして**試行錯誤の末にでき上がったのが、**下の写真のような「モモンガの森の杉」入り袋、だ。

左上にある**黒い小さな豆粒は、**私が研究室で試作品と格闘していたとき、ちょうど入ってきた、ヤギを（モモンガではなく）こよなく愛するＭｏさんの発案だ。

グッズの話をするとＭｏさんは、**ニコッとほほ笑んで、**「じゃあ、モモンガの糞を肥料として入れたらどうですか？」と言ったのだ。

すばらしい発想だ。私は、そのアイデアにいたく感動した。すぐに研究用のモモンガを飼育している場所に行き、糞をもらってきて、それをどのように入れたらよいか考えたのだ。

そこで私は考えた。このスギの幼苗を都会の人たちに育ててもらってはどうだろうか

そして、写真のような形で糞は左上の△区画に固定されることになった（説明書には書かなかったが、昨今、野生生物に寄生する病原菌などへの注意が言われている。もし糞に直接ふれたらよく手を洗っていただきたい。糞中の病原菌は土中で死にたえるだろう）。

送料を少なくするため、封筒の大きさに切った厚紙を台紙にして、そこにセロハンテープで小さなナイロン袋（そのなかに、水分を保つためにに根をコケで覆ったスギの赤ん坊と糞が入れてあった）を貼りつけ、定形封筒に入れた。

スギの赤ん坊がつぶれることなく、枯れることなく郵送先に届くかどうか試すため、「モモンガの森の杉」を入れた封筒に私の家の住所を書き、一日、研究室にとどめておいてから、郵便局へ行って投函した。ちなみに、封筒は厚くなく、ねらいどおり追加料金はかからなかった。

次の日、封筒は私の家の郵便受けに入っていた。なかを開くと、**元気マンマンのスギの赤ん坊が、**左上にモモンガの糞を従えてナイロン袋のなかにいた。これなら問題ない。

育て方は、芦津モモンガショップの、「モモンガの森の杉」を注文するページに掲載しておいた。

以下のような内容である。

「モモンガの森の杉」の鉢植えあるいは育て方について説明します。

❶

❷

注文すると、❶のような、小さいナイロンパックに入った「モモンガの森の杉セット」(なかには苔にくるまれた杉の赤ん坊と、モモンガの本物の糞が入れてあります。ご希望を書かれれば、糞はなしにします。ちなみに糞はモモンガの森の杉を育てるための肥料にします)が、封筒に入って送られてきます。

ちなみに、杉の赤ん坊は、❷の写真のように、モモンガの巣箱(杉の赤ん坊の後ろに立つ杉の木々の一本に巣箱があるのが見えますか)を設置している森の林床の苔に生えていたものです。このまま放っておくと、光や土壌の関係で確実に枯れてしまいます。さて、ナイロンパックを開いて杉や苔、糞を出し、❸に示したような、鉢植えづくりのために必要なもの(鉢、鉢受

け、土）を揃えます。いや、よく考えると、必要なものを揃えてから、杉や苔、糞を出したほうがいいですね。

　鉢に土を、深さ三分の二くらいまで入れたら、❹の写真のように、魔法の肥料として、モモンガの糞をパラパラふりかけます。その上にスギを、根を切らないように植えこんで、土を入れ、一番上に苔を置いてギュッと押さえたら、❺のような「モモンガの森の杉」の鉢植えの出来上がり!!

もちろん、私自身もスギの赤ん坊を説明どおりに植え、育ててみて、うまくいくことは確認しておいた（一度、大きな鉢に植え替えた）。

成長は思ったよりゆっくりだったが、元気に育ち、三年たって下の右の写真のようになった。研究室の、**ヤギが見える窓辺で育ってきた。**ゆくゆくは、然るべき場所を見つけて、地面に植えてやろうと思っている。

スギの苗を植えるのは、……**私は、うまいぞーー。**なんと言っても、小学生のときから植えてきて、年季が入っているからね。

学生時代の思い出
――実家の畑につくった巨大野外ケージ

私は学生のとき、岡山大学の理学部生物学科に在学

もちろん私も、説明どおりに植え、育ててみた（左）。思ったよりゆっくりだったが、元気に育ち、３年たって右の写真のようになった

していたのだが、二年生のころからシベリアシマリスの社会行動について、出版されていた論文を参考に、自分でシマリスを飼育しながらいろいろ調べていた。

当時、動物行動学の創始者といってもよいオーストリアの研究者コンラート・ローレンツが、自宅の庭や屋内で（田舎の大邸宅だったので庭も家もとても広かったのだ）、さまざまな動物を放し飼いにして、たくさんの重要な発見をし、それを本に書いていた。私は、『ソロモンの指環』（早川書房）というタイトルで邦訳されて出版されていたその本を読み、**独自の研究法に憧れた。**観察力と発見力、創造力、理論化力が試され、同時に、動物とのふれあいを楽しむ資質が不可欠な研究法だ。

大学や、私が居住していた学生アパートでは、もちろんそんな場所は見つけられなかったので、私も、ローレンツのように、生まれ故郷にその場を求めた。

庭、とはいかなかったが、家から数分、山側に登ったところにあった畑を、両親に頼んで使わせてもらうことにした（今から考えると、いろいろな意味で、**まー、あんなことをよくやったものだ、**と思うのだが）。

そこに一五メートル×一五メートル×高さ二メートルほどの大きな野外ケージをつくりたい

と思った。でも、**それは簡単なことではなかった。**

父の知り合いの専門の業者の人に現地に来てもらって見てもらい、私の構想を伝えると、（当時の金額で）**五〇万円以上かかりますなー、**と言われた。

地下に穴を掘るのが得意なシベリアシマリスのことを考えると、底面にも丈夫な金網を張らなければならず、さらには、私は、シマリスに地下に穴を掘らせ、巣穴のなかでの行動も調べられる構造にしたいと考えたので、〝シマリスケージ〟は、余計に簡単ではなくなったのだ（シマリスに地下に穴を掘らせ、巣穴のなかでの行動も調べられる構造……のためには、少なくとも、あらかじめ地下に小部屋をつくり、地面から連続的につながった金網と透明なガラス板に囲まれた空間で、シマリスに巣穴を掘ってもらわなければならない）。

さて、どうするか。

そこで登場するのが、スギ（！）である。

父が、スギの丸太の使用を提案してくれたのである。スギと金網を使ったシマリスケージだ。山からスギの木を切り出し、それでケージのすべての骨格をつくり、その骨格に這わせるように、市販の、巻きずしのように巻いた、幅一メートルほどの金網を張っていくのである。地面には、地下巣穴観察用の、直方体の、人間が一人は入れるくらいの穴を掘り、その穴の内面に密着させ、ほかの部分は、地面一面に、金網を張っていくのだ。もちろん横面や天井にも。

ただし、この金網張り、「張っていくのだ」と、言えば簡単だが、実際の作業は**涙なくしては語れない。**その先に予想される研究の喜びへの期待なしには続けられない。

金網の、幅約一メートルの〝帯〟の端を五センチほど重ねて並べ、その重なりを銅線の針金を糸のようにして〝縫って〟いくのだ。

〝糸〟があるなら〝針〟もなければならない。縫い針は、自分で、太い鉄線を加工してつくった。その縫い針で、金網帯同士を、文字どおり縫っていくのだ。

この作業はなかなか手と全身の力を必要とし、半日続けると手の筋肉を中心に、**体中の筋肉がバリバリになり**、**手には傷や豆**ができ、**新品の軍手はボロボロ**になる（疑われるのならやってみられるといい）。

ケージの横面や天井に金網を張るときは、スギに身をゆだねた。スギから香るニオイを嗅ぎながら、全身に力を入れ、**縫いに縫った。ひたすら縫いつづけた。**

ただし、「スギと金網でのケージづくり」は、けっして苦しみだけの体験ではなかった。無心に作業するなかで、日ごろは考えないようないろいろなことを考えることができたし、**日ごろは出合えないだろう**いろいろな動物にも出合えた。

たとえば、**ヒミズ、だ。**

ミミズではない。

ご存じない方のために少し説明しよう。

ヒミズは、モグラの仲間で（トガリネズミ目モグラ科）、頭胴長（尾を含めない鼻先から尻までの長さ）が八〜一〇センチの小さな小さな哺乳類である。愛嬌のあるチョロッとした尻尾をもっている。

鼻が細長く、その鼻を上下左右にふりながら、外の様子を嗅覚や、鼻に生えた毛で探りながら、コマネズ

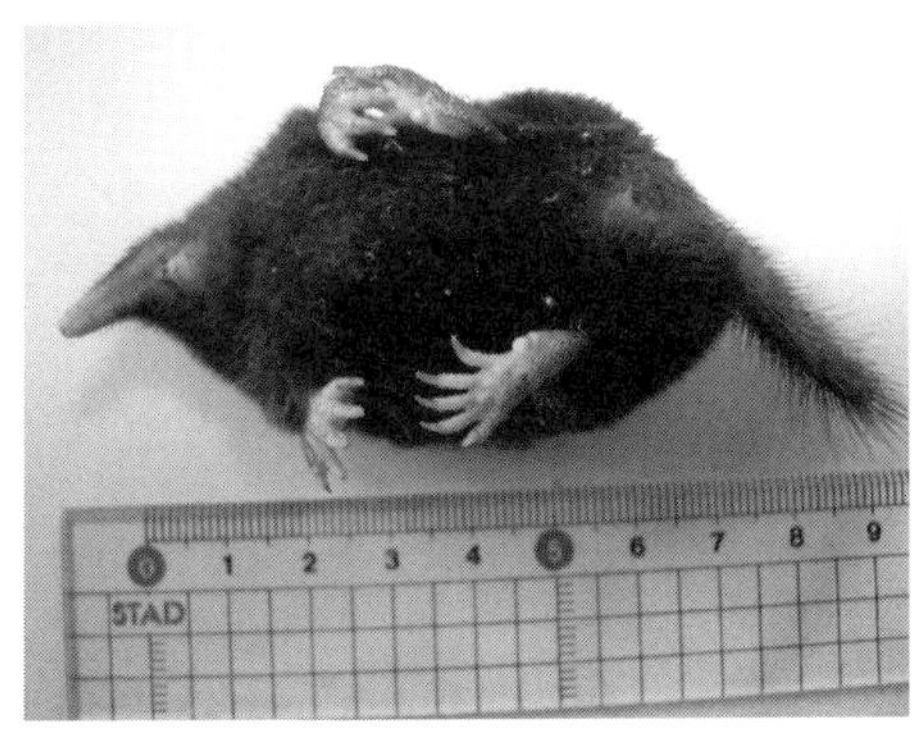

「スギと金網でのケージづくり」作業中に出合ったヒミズ。鼻が細長く、愛嬌のあるチョロッとした尻尾をもっている

ミのように小刻みに動きまわる。

目は、……こちらが、目をこらして、よーーーく見て探すと、それらしいものが一応あるのはあるが（かわいい目、と言えないこともない）、とても小さい。薄い皮膚に覆われていて明暗程度しかわからないらしい。

鼻の近くにいる、あるいは、ふりまわす鼻の毛にふれた昆虫やミミズなどを餌にする。

まー、そういった感じの小さい哺乳類であるヒミズが、私が地面にかぶせた金網と地面の間にどうしてもできてしまう草むらのなかから出てきて、なんと、**金網の目を通りぬけ（！）、**金網の上へと出てきたのだ（通常は夜行性だが、夜遊び、ならぬ、**昼遊びをしていた不良ヒミズ**だったりして）。

私は、その動物を見た瞬間、ヒミズだとわかった。じつは、それまで写真で見たことはあったが実物に出合ったのははじめてだ。でももちろん私くらいの動物行動学者の卵になると、……わかるのだ。

そうなると、**とりあえず体が動く。**手にとって、**ちょっとよく見てみたい**という科学的好奇心からだ（ほんとうは私のなかの狩猟採集人が勝手に現われたのだ）。飛びついたら、相手も**バリバリの現役野生動物、**私の手をすーーっとかわして、再び金網の目を通って下の草むらに入っていってしまった。悔しさが心の底からわいてきた。「哺乳類のくせに、そんな小さな小さな目を通過してもええんか！」というのが率直な思いだった。ところが**人生、何が起こるかわからない。**いったん草むらに身を隠したヒミズが、再び浮上し、金網の目を通って、私の目の前に現われたのだ。**もう失敗はしない。**実物を見た私の脳は、ヒミズの大方の動きの習性を見きっていた。ヒミズの進む先を読んで、手を両側からゆっくりせばめていき、最後は両手をチューリップのように閉じて仕事は終わった。もちろんチューリップのなかには、鼻を小刻みに揺らすヒミズがいた。

私は、**そんな場所にヒミズが来てくれた理由**の一つには、野外ケージの枠と内部の柱として何本も立っている「スギ」が関係しているのではないかと思っている。というのも、それから数十年ほどしてニホンモモンガの研究を始めることになるのだが、モモンガが生息するスギ林の林床で、夕方、何度かヒミズに出合うことがあったからだ。一般的には広葉樹の森の動物のように考えられているが、スギ林にもいるのである。

苦しい作業の合い間に、そんなうれしいハプニングにも遭遇しながら、一カ月ほどかけてスギと金網のシマリス野外ケージは完成した。

私はでき上がったケージに、雌雄二匹ずつのシベリアシマリスを放し、毎日、観察と記録を続けた。スギの樹肌が適度に荒いせいか、シマリスたちは、スギの木を縦横無尽に移動して、よく利用してくれた。

環境がよかったのだろう。そのうち、**ある雌が子ども（三匹）を産んだ。**私はこの子どもたちが、母以外のリスたちと出合うときを心配した。単独性で、巣穴の周辺空間では排他的になるシベリアシマリスが、新参者の子どもたちと出合ったとき、激しく攻撃するのではないかと思ったからである。

しかしその**予想はよいほうへはずれた。**

1カ月ほどかけて完成した、実家の裏山の畑につくった野外ケージ

野外ケージのなかに、雌雄２匹ずつのシベリアシマリスを放し、毎日、観察と記録を続けた

意外だったのだが、ほかの雄も雌も、新参者の子リスたちに対してやさしく接したのである。ある雄は、毛づくろいまでしてやっていた。**ちょっと驚いた。**

私のノートには、雌をめぐる雄同士の争いや、雄から雌への求愛行動、地下の巣穴利用の仕方、子リスの成長の経過などの内容がびっしり書きこまれていった。

シマリスたちは移動や休息にスギの木をよく利用したので、行動の記録には「スギの木」という言葉が何度も出てきた。スギの木には、野外ケージそのものの成立をはじめとして、いろいろとお世話になったのである。

教員時代――スギと海外調査とヤギの話

すでに紹介した、スギとニホンモモンガ、スギとコウモリ、モモンガグッズ「モモンガの森の杉」の話は、最近の、つまり教員時代の話である。なので、ここで終わりにしてもよかったのだが、教員時代にもう一つ、**忘れられない思い出がある**のでお話ししたい。ごく短めに（それと最後に、スギとヤギの話も。しつこいのだ。われながら）。

もう一〇年以上も前になる。私は、中米のホンジュラスのカリブ海沿岸にある**「ガリフナ」と呼ばれる人々の集落に来ていた。**

ガリフナとは、一七世紀から一八世紀にかけてアフリカからカリブ海沿岸にたどり着いた人たちと、カリブ海沿岸諸島の先住民の人たちとの混血の子孫たちの総称である。私が入った集落では、黒人と黄色人種と白人がいろいろな割合で交じりあったような感じの人たちが海や山の幸をとって暮らしていた。スペイン語や英語の影響も受けたガリフナ語が話されていた。

私は、ガイドの人と一緒に、海辺や海に流れこむ川、森で遊んでいる**子どもたちと親しくなって、**遊んでいるところを見せてもらったり、

中米のホンジュラスのカリブ海沿岸にある「ガリフナ」と呼ばれる人々の集落。10年以上前に研究のために訪れた

質問をしたり、また、家々を訪ねていろいろ話を聞かせてもらったりした。

その歴史も相まって、見るもの聞くものがすべて新鮮で興味深く、私の人柄のよさと紳士的な研究姿勢に心を開いてくれたのだろう、子どもたちも大人の人たちも好意的に接してくれた（観光地などではないので、向こうも、特に私をめずらしそうに観察していた）。写真も撮らせてもらった。なかには、私たちについてきて、いろいろ話しかけてくれる子どももいた。

当時、私は研究助成金をもらって「子どもの水辺遊び行動の特性に関する動物行動学的解析」というタイトルの研究を行なっていた。その研究の一環として、ガリフナの子どもたちの遊びの内容を、大人とのやりとりも含めて、調べていたのである（その後、ホンジュラスの首都テグシガルパの近郊や平野部のラ・セイバ市でも、河川での子どもたちの遊び行動を調べた）。

さて、私は、ガリフナを中心に、ホンジュラスのいくつかの地域で、水辺遊び行動の特性を調べたのだが、その特性のなかで共通して見られたことの一つは、「男の子が、特に動物の採集や捕獲に興味を示し、彼らなりに工夫した道具をつくって、嬉々として活動していること、

ガリフナで出会った子どもたち。海辺や川、森で遊ぶ子どもたちに、遊んでいるところを見せてもらったり、質問をしたり、話を聞かせてもらったりした。左上の写真の子どもは、棒と紐でできた"狩り"の道具を持っており、それを私にくれたのだ。残念ながらホンジュラスを出る前にどこかでなくしてしまったが

女の子が、親から言われたわけでもないのに自主的に沿岸地域や水辺の木の実などの食べられるものを、豊富な知識で選別しながら採集したり、人形に話しかけていろいろな場面を想像したりして遊ぶこと」だった。そして、その現象が劇的に見られたのがガリフナだった。

ガリフナでは、男の子、女の子、大人の人、みんなと親しくなった。子どもたちは、そのようにして遊ぶようになったきっかけや、そういった遊びがなぜ楽しいのか、といった質問にも活発に答えてくれた。その体験が私にはとてもうれしく、(もちろん学術的にも興味深い知見がいろいろ得られた)、忘れられない記憶として鮮明に残っているのだ。

さて、ここで、**「ガリフナでの調査と、スギとがどう関係するのか」**と読者のみなさんは思われるかもしれない。

それはこういうことなのだ。

私はガリフナの子どもたちと、手ぶり身ぶりやガイドの人を通じていろいろコミュニケーションをとったのだが、なにやらとても仲よくなり、調査期間が終わって**帰るのが寂しく思えるほどになった。**そんなとき、ある女の子が、「向こうの浜辺に生えている木からとってきた」と言って、**最後の別れ際に、**きれいなオレンジ色の実をたくさんくれたのだ。**私は感激して、**

女の子に何かお返しをしたくなった。そして、すぐに思いついたのが、ザックに入れていた、ホンジュラスのいろいろな人にお礼がわりに渡そうと準備していた「スギのペン置き（?･）」である。

日本を出発する前にある人から言われたのだ。熱帯の樹木には年輪がないから、日本の、年輪がきれいに見える板を持っていったら喜ばれるよ、と。

私は雑貨店に行き、スギでできた箸やスプーンやアクセサリーなどを探したのだが、材が柔らかいためか、スギでできたものは見つけられなかった。唯一見つけられたのが、年輪をきれいに、鮮やかに浮き立たせた板だった。幅広のペン置きだろうか。とにかく細かいところまで滑らかに手を入れてあり、そして安かった。それを二〇枚ほど買ったのだ。

私はこんなもので子どもが喜ぶのだろうか、と思ったが「これは日本の木でつくった置き物だ」とかなんとか言って（ガイドさんに言ってもらって）渡した。すると、女の子は、意外にも、**すごく喜んでくれたのだ。**

そしたら今度は、そばにいた男の子が、**自作の、棒と紐でできた〝狩り〟の道具を私にくれたのだ！**（私は宝物のようにして持って帰ったのだが、ホンジュラスを出る前に、どこかでなくしてしまった。ほんとうに残念なことをした）。その子にも「スギのペン置き（?･）」をお返しに渡した。全員にあげたかったのだが「スギのペン置き（?・）」はたくさんは残っていなかった。

そのときの「スギのペン置き（?・）」はもう手もとには一つも残っていない。

下の写真は、本章を書きはじめたころ、あの「スギのペン置き（?・）」みたいなものはないだろうかと雑貨店に立ち寄ったとき、「あーー、スギの年輪はこんな感じだったな」と思い買ってきたものだ。これはプラスチックの弁当箱の蓋だが、「スギのペン置き（?・）」は単品で、年輪がほんとうに鮮やかだったのだ。「スギのペン置き（?・）」を喜んでくれる子どもたちを見て、**「スギにはこんな魅力もあるのか」**と思ったのだった。

ガリフナでの、海を越えたスギも巻きこんだ、子ど

年輪がきれいに見える板が喜ばれると聞いてスギでできたお土産を用意した。手もとに実物は残っていないので、蓋の模様がそのお土産の年輪にそっくりなプラスチックの弁当箱を買ってきた

もたちとの忘れられない思い出である。

では、**いよいよほんとうに最後の話だ。**長くなって申し訳ない。

最後はヤギとスギをめぐる、いつもの私の実験（！）である。

では、早足で。

読者のみなさんは、スギの林を歩かれて、次のようなことに気づかれたことはないだろうか。

「地面近くの、ちょっと暗い場所のスギの葉は、高いところで日光をしっかり浴びている場所の葉よりも、一本一本が長くて硬くて先端のとがりが鋭い」

一般に、スギにかぎらず、どんな植物でも、光が強くない場所の葉は、「細い」という傾向があるのだが、

あまり明るくない林床に生育するスギの幼木や若木（①）は、葉の１本１本が長くて硬くて先端のとがりが鋭い（②の左側の枝葉）。②の右側の葉は、地上４mくらいの高いところで日光をしっかり浴びながら形成された葉である。葉が短く、手で持ってもほとんど痛みは感じない

スギの場合は、その「細い」葉が、さわると痛いほど、明確に硬くて長くて鋭いのである。

この現象には以前から気づいてはいたのだが、大学の近くにある古墳のなかに毎年、一匹だけで冬眠する雄のキクガシラコウモリを観察しに行くことが増えてきて、はっきり意識するようになってきたのだ。

ちなみに、モモンガのおもな調査地にしているスギの植林地では手入れがされているので、林床に幼木や若木はほとんどない。また大学の大学林にはスギはなく、これまたスギの幼木や若木を見ることはなかった。

さて、そうなると、私の頭のなかには、すぐに「**あっ、これ面白い。**すぐに実験できるし」みたいな気持ちがわいてきた。

そのとき、私の頭のなかに浮かんできたのは、**ヤギとキリンの顔だった。**

ちょっと説明しよう。まず、キリンのほうから。

アフリカのサバンナ（乾燥した土地に草原が広がり、小さい林や湖が点在するような環境）に生息するキリンは、サバンナにまばらに生えているアカシアなどの高木類の葉を餌にして生きている。餌になるアカシアの葉の形状を調べた研究によると、キリンが首を伸ばして自然な姿勢で木の葉を食べるとき、最もよく食べられる部分は、地上三メートルくらいの場所の葉なのだが、そのあたりでは、葉の間に生えている棘が顕著に長いという。つまり、**葉の摂食を少なくする形態が進化**している、ということなのだ。

ならば、スギでも、たとえば、天敵であるシカに対して、葉の摂食を低下させる形態が進化していても不思議はないではないか。そして、シカの場合、自然な姿勢で最もよく食べる場所は、地上ゼロ～一メートルくらいの範囲の葉ではないだろうか。つまり、林床の幼木や若木は、葉が全部食べられてしまう可能性も十分あるわけだ。

で、**私は思ったのだ。ひょっとすると、**「地面近くの、ちょっと暗い場所のスギの葉は、高いところで日光をしっかり浴びている場所の葉よりも、一本一本が長くて硬くて先端のとがりが鋭い」のは、葉自らが、シカなどの天敵の摂食を低下させるために進化させた形態かもしれない、と。

そこで私の頭のなかに一匹の動物の顔が浮かび上がってきた。

それが、ヤギ（！）というわけだ。

実験は簡単だ。

スギの幼木の「細長くて硬くてとがった」葉もしくは、高木の、林床に近い部分の「細長くて硬くてとがった」葉を枝ごと取る。かたや、高木の、高いところで日光をよく受け、「短くてあまり硬くなくて先端がそんなにとがっていない」葉を枝ごと取る。両者を並べて、公立鳥取環境大学のヤギ部のヤギたちの前に置く。**さて、どちらを好んで食べるだろうか。**

すぐやってみた。

そしたら、どうなったと思われるだろうか。

まず、最長老のリーダー、クルミは、「細長くて硬くてとがった」葉のほうを、**先に、**

ヤギはスギの幼木または高木の林床近くの「細長くて硬くてとがった」葉と、高木の高いところで日光をしっかりと浴びている「短くてあまり硬くなくて先端がそんなにとがっていない」葉のどちらを好むだろう。実験してみた

普通に、ごく普通にペロッと食べたのだった。

私は、**ほかのヤギたちに期待をかけた。**クルミは、ちょっと、なんというか、長く生きているのでゲテモノを好きな性格になったのかもしれない。ほかのヤギたちはどうだ。

すると、ほかのヤギたちも、「細長くて硬くてとがった」葉を避ける傾向など、まったく示さなかったのだ。**チャンチャン。**

じゃあ、スギの天敵であるニホンジカはどうなんだ。**……まだ実験していない。**

よく考えたら、ニホンジカの被害の一つとして、「せっかく植えたスギの苗を食べる」ということがあったなーー。いまいち、実験のモチベーションがわかないなー。

まー、こんなふうにして私は、幼いころから今日まで、いろんな場面で**スギとかかわり、スギに助けられ……、**生きてきた。

今後、もっともっとITが進んでも、人類が、木とのつきあいをやめることはないだろう。

進化論の視点から、二〇世紀の生物学、社会学に計り知れない影響を与えた知の巨人、E・O・ウィルソンは、バイオフィリア（「ヒトは本能的に生命体とのふれあいを求める」という、ヒトの脳に刻まれた生物との強い精神的絆）の存在を提唱し、多くの生物学者に、その存在を実証する研究へと向かわせた。〝生物〟の主役の一つは、もちろん植物である。

少々漠然とした仮説であるが、私は、バイオフィリアの存在はほぼ証明されたと言ってもよいと思っている。

おそらく、その内なるバイオフィリアにも後押しされて、**日本人とスギとのつきあいもそうそうなくなることはないだろう。**

特に、私のように、人生のある期間、スギと深くつきあった人間は、スギのニオイ、樹皮や材や葉の肌ざわり、あの年輪の模様を忘れることはない。

これからの、少なくとも日本における「自然との共生」の取り組みにおいて、**スギが果たす役割が大きいことは間違いない。**そこには、木材としてのスギや、精神に影響するスギ、といった複数のスギの姿があるだろうと思うのだ。

著者紹介

小林朋道（こばやし　ともみち）

1958年岡山県生まれ。

岡山大学理学部生物学科卒業。京都大学で理学博士取得。

岡山県で高等学校に勤務後、2001年鳥取環境大学講師、2005年教授。

2015年より公立鳥取環境大学に名称変更。

専門は動物行動学、進化心理学。

著書に『利己的遺伝子から見た人間』（PHP研究所）、『ヒトの脳にはクセがある』『ヒト、動物に会う』（以上、新潮社）、『絵でわかる動物の行動と心理』（講談社）、『なぜヤギは、車好きなのか？』（朝日新聞出版）、『進化教育学入門』（春秋社）、『先生、巨大コウモリが廊下を飛んでいます！』をはじめとする、「先生！シリーズ」（今作第15巻）、番外編『先生、脳のなかで自然が叫んでいます！』（築地書館）など。

これまで、ヒトも含めた哺乳類、鳥類、両生類などの行動を、動物の生存や繁殖にどのように役立つかという視点から調べてきた。

現在は、ヒトと自然の精神的なつながりについての研究や、水辺や森の絶滅危惧動物の保全活動に取り組んでいる。

中国山地の山あいで、幼いころから野生生物たちとふれあいながら育ち、気がつくとそのまま大人になっていた。1日のうち少しでも野生生物との“交流”をもたないと体調が悪くなる。

自分では虚弱体質の理論派だと思っているが、学生たちからは体力だのみの現場派だと言われている。

ツイッターアカウント @Tomomichikobaya

先生、頭突き(ずつ)中のヤギが尻尾(しっぽ)で笑っています！

鳥取環境大学の森の人間動物行動学

2021年４月30日　初版発行

著者　小林朋道
発行者　土井二郎
発行所　築地書館株式会社
〒104-0045
東京都中央区築地7-4-4-201
☎03-3542-3731　FAX 03-3541-5799
http://www.tsukiji-shokan.co.jp/
振替00110-5-19057
印刷製本　シナノ印刷株式会社
装丁　阿部芳春

 ISBN978-4-8067-1616-7

先生！シリーズ

［鳥取環境大学］の森の人間動物行動学
小林朋道［著］　各巻 1600 円＋税

先生、モモンガの風呂に入ってください！

モモンガの森のために奮闘するコバヤシ教授、コウモリ洞窟の奥、漆黒の闇の底に広がる地底湖で出合った謎の生き物。
「忽然と姿を消した幻のカエル」など全 6 章

先生、大型野獣がキャンパスに侵入しました！

猛暑のなかで子育てするヒバリ、アシナガバチをめぐる妻との攻防、ヤギコとの別れ。
「ヤギはイモムシを食べる隠れ肉食類か?」など全 7 章。ヤギコのアルバム付き

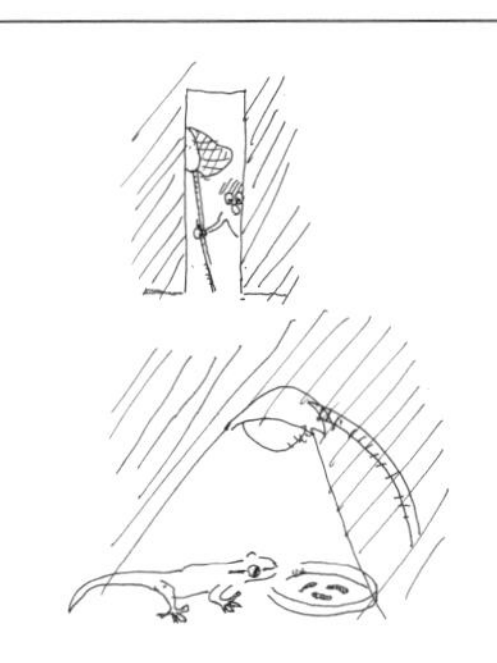

先生、ワラジムシが取っ組みあいのケンカをしています！

コバヤシ教授はツバメに襲われ全力疾走、そして、さらに、モリアオガエルに騙された！
「森のダニは水のなかでも 1 カ月以上も生きる」など全 8 章

先生、洞窟でコウモリとアナグマが同居しています！

雌ヤギばかりのヤギ部で、なんと新入りメイが出産。スズメがツバメの巣を乗っとり、教授は巨大ミミズに追いかけられる。
「ヤギ部初、子ヤギの誕生!」など全 7 章

先生、イソギンチャクが腹痛を起こしています！

学生がヤギ部のヤギの髭で筆を作り、母モモンガはヘビを見て足踏みする。
「コウモリは結構ニオイに敏感だ！」など全 6 章。
10 巻記念、先生！シリーズ◎思い出クイズ付き

先生！シリーズ

［鳥取環境大学］の森の人間動物行動学
小林朋道［著］　各巻1600円＋税

先生、犬にサンショウウオの捜索を頼むのですか！

ヤギは犬を威嚇して、コバヤシ教授はモモンガの森のゼミ合宿で、まさかの失敗を繰り返す。
「ホンヤドカリは自分の体の大きさを知っている⁉」など全8章

先生、オサムシが研究室を掃除しています！

コウモリはフクロウの声を聞いて石の下に隠れ、芦津のモモンガはついにテレビデビュー！
「ヤギは糞や唾液のニオイがついた餌は食べない！」など全7章

先生、アオダイショウがモモンガ家族に迫っています！

カワネズミは腹を出して爆睡し、モモジロコウモリはテンを怖がり、キャンパス・ヤギはアニマルセラピー効果を発揮する。
「『キャンパス・ヤギ』の誕生⁉」など全7章

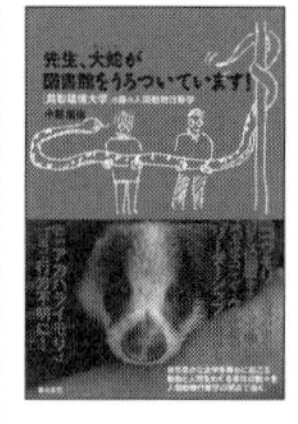

先生、大蛇が図書館をうろついています！

コウモリは洞窟の中で寝る位置をめぐって争い、森のアカハライモリは台風で行方不明に！
「ヘビ好きの二人のゼミ学生の話」など全7章

【番外編】
先生、脳のなかで自然が叫んでいます！

子どもの一見残酷な虫遊びの意味、生物の擬人化とヒトの生存・繁殖戦略との関連。生き物の習性・生態に、ヒトが特に敏感に反応するのはなぜか。人と自然の関わりを探る。

総合図書目録進呈します。ご請求は下記宛先まで
〒104-0045　東京都中央区築地7-4-4-201　築地書館営業部
メールマガジン「築地書館BOOK NEWS」のお申し込みはホームページから
http://www.tsukiji-shokan.co.jp/